MINISTÈRE DE L'AGRICULTURE

SOURCES ET GOULES DU NÉOCOMIEN

MÉCANISME

DE

LA FONTAINE DE VAUCLUSE

ET MOYEN D'EN RÉGULARISER LE DÉBIT

APPLICATIONS

PAR

M. LÉON DYRION

INGÉNIEUR EN CHEF DES PONTS ET CHAUSSÉES
PRÉSIDENT DE LA COMMISSION MÉTÉOROLOGIQUE DE VAUCLUSE

Extrait du *Bulletin de la Direction de l'Hydraulique agricole*

PARIS

IMPRIMERIE NATIONALE

M DCCC XCIV

MÉCANISME

DE

LA FONTAINE DE VAUCLUSE

ET MOYEN D'EN RÉGULARISER LE DÉBIT

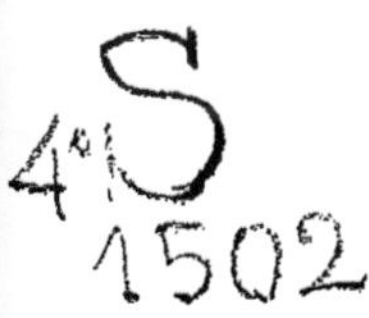

MINISTÈRE DE L'AGRICULTURE

SOURCES ET GOULES DU NÉOCOMIEN

MÉCANISME

DE

LA FONTAINE DE VAUCLUSE

ET MOYEN D'EN RÉGULARISER LE DÉBIT

APPLICATIONS

PAR

M. LÉON DYRION

INGÉNIEUR EN CHEF DES PONTS ET CHAUSSÉES
PRÉSIDENT DE LA COMMISSION MÉTÉOROLOGIQUE DE VAUCLUSE

Extrait du *Bulletin de la Direction de l'Hydraulique agricole*

PARIS
IMPRIMERIE NATIONALE

M DCCC XCIV

SOURCES ET GOULES DU NÉOCOMIEN.

MÉCANISME DE LA FONTAINE DE VAUCLUSE

ET MOYEN D'EN RÉGULARISER LE DÉBIT.

SOMMAIRE.

NOMENCLATURE DES PLANCHES[1].

PLANCHE I.	Fig. *a* : Plan du bassin de la Fontaine indiqué par M. Marius Bouvier. Fig. *b* et *c* : Plan et coupe en travers du gouffre de la Fontaine. (Expérience de M. Marius Bouvier. — 1879.)
PLANCHES II *a* ET II *b*.	Fig. *a*, *b*, *c*, *d*, *e*, *f* : Graphiques des débits 1882, 1883, 1884, 1885, 1890 et 1891.
PLANCHE III.	Fig. *a* : Courbe des débits de la Fontaine en fonction des hauteurs de l'eau dans le gouffre. Fig. *a'* : Courbe des débits du déversoir seul en fonction des hauteurs. Fig. *b* et *c* : Courbe des débits en fonction de la hauteur, dans un vase percé d'un orifice, de deux orifices. Fig. *d* : Courbe des débits en fonction du temps. — Vase percé d'un orifice.
PLANCHE IV.	Fig. *a*, *b*, *c*, *d* : Premiers schémas de la conduite. Fig. *e* : Schéma définitif du système de la Fontaine. Fig. *f* : Dessin du rocher du barrage de Saint-Saturnin-d'Apt.
PLANCHE V.	Fig. *a* : Coupe en long du bassin de la Fontaine. Fig. *b* : Coupe en travers du bassin de la Fontaine.
PLANCHE VI.	Fig. *a* et *b* : Aven de Jean-Nouveau (Vaucluse). Aven de Vigne-Close (Ardèche). Fig. *c* : Igue et rivière souterraine des Combettes, près Carlucet (Lot).
PLANCHE VII.	Fig. *a* et *b* : Grotte de l'Écluse (Ardèche). Grotte de Saint-Marcel (Ardèche).
PLANCHE VIII.	Fig. *a* et *b* : Tindoul de la Vayssière (Aveyron). Grotte du Sergent (Hérault).
PLANCHE IX.	Fig. *a*, *b*, *c*, *d*, *e* : Réservoirs de niveau. — Débits en fonction de la hauteur et en fonction du temps.
PLANCHE X.	Fig. *a*, *b*, *c*, *d*, *e*, *f* : Influence des cloisonnements et de leurs orifices de communication sur les débits d'écoulement et sur les charges.
PLANCHE XI.	Fig. *a*, *b*, *c*, *d* : Réservoirs échelonnés.
PLANCHE XII.	Fig. *a*, *b*, *c*, *d*, *e* : Volumes débités et oscillations dans des systèmes d'un nombre variable de réservoirs de niveau.
PLANCHE XIII.	Fig. *a*, *b*, *c*, *d* : Réalisation de la courbe des débits en fonction de la hauteur de l'eau dans le gouffre.
PLANCHE XIV.	Fig. *a*, *b*, *d*, *e* : Courbe des volumes débités pour des abaissements successifs dans le dernier compartiment. Fig. *c* : Courbe des volumes débités pour des abaissements successifs.
PLANCHE XV.	Fig. *a*, *b*, *c*, *d* : Projet de Fontaine de Vaucluse à établir sur le rocher des Doms, à Avignon.

[1] Les planches ont été dessinées par M. Lallement, conducteur des ponts et chaussées.

Planche XVI. Fig. *a* : Plan d'ensemble de l'origine de la rivière de Vaucluse.
Fig. *b* : Coupe du gouffre suivant l'axe de la rivière.
Fig. *c* : Coupe du tunnel du Ragas, à Toulon.

Planche XVII. Fig. *a* : Vue d'ensemble de la vallée de Vaucluse.
Fig. *b*, *c*, *d* : Schéma de la galerie. Coupe en travers.
Fig. *e* : Conduite à trois robinets.
Fig. *f* et *g* : Barrages cloisonnés.

NOMENCLATURE DES TABLEAUX [1].

[1] Les tableaux ont été calculés par M. Martin, commis des ponts et chaussées.

CHAPITRE PREMIER.

EXPOSÉ ET HISTORIQUE.

PLANCHE I. Plan du bassin de la Fontaine indiqué par M. Marius Bouvier.

Plan et coupe en travers du gouffre de la Fontaine. (Expérience de M. Marius Bouvier. — 1879.)

PLANCHES II *a* ET II *b*. *a, b, c, d, e, f* : Graphiques des débits : 1882, 1883, 1884, 1885, 1890 et 1891.

TABLEAU N° I. Concordance des débits de la Fontaine avec les cotes du sorguomètre et la hauteur du déversement aux Espélugues.

I

EXPOSÉ ET HISTORIQUE.

La Fontaine de Vaucluse, qui donne naissance aux Sorgues, met en jeu de nombreuses usines représentant 5,400 chevaux et sert à l'arrosage de 2,115 hectares.

Son débit varie de 150 mètres cubes pendant les fortes pluies, à 8 mètres cubes environ dans les années ordinaires et à 5 mètres et 4 m. c. 5 seulement dans les années de grande sécheresse.

Les moteurs des usines ont été établis pour le débit moyen de 18 mètres cubes.

Lorsque ce débit dépasse 30 mètres cubes, les roues gaffent, et leur rendement diminue; lorsqu'il est inférieur à 12 mètres cubes, il ne donne plus aux roues et aux turbines une force suffisante, on est obligé de recourir aux éclusées, et il en résulte une grande gêne pour l'agriculture, qui manque même, en raison de la disposition des prises, de l'eau nécessaire pour les arrosages.

En outre, les poissons souffrent du manque d'eau, et les villes situées sur la Sorgue et en particulier Avignon, qui reçoit les eaux de Vaucluse dans ses Sorguettes, ne sont plus assainies comme il conviendrait.

Il y aurait donc un intérêt considérable à diminuer d'un côté les crues, et de l'autre à augmenter le volume d'eau disponible en été.

La question a déjà fait l'objet des recherches de diverses personnes, mais les études préalables, au point de vue géologique et de la constitution du massif duquel sort la Fontaine, n'étant pas assez avancées, on n'a pu présenter des solutions qui parussent satisfaisantes.

En outre, les phénomènes particuliers d'écoulement de la Fontaine lui donnaient un caractère assez mystérieux, et l'on n'aurait osé y toucher.

Avant de donner notre avis sur ce que l'on pourrait faire, nous allons décrire le mécanisme de la Fontaine, et, une fois qu'on l'aura bien compris, il sera facile d'en déduire ce qu'il convient de faire.

ÉTUDES ANTÉRIEURES.

On trouvera à la fin de l'ouvrage publié par M. Saint-Martin, en 1891, sur la Fontaine de Vaucluse, le résumé des observations faites par les éminents ingénieurs qui nous ont précédé en Vaucluse, que nous résumerons aussi succinctement que possible.

M. Bouvier, oncle de M. Marius Bouvier, qui a laissé de si bons souvenirs en Vaucluse, publia en 1853, vers la fin de sa carrière, dans les *Annales des Ponts et Chaussées*, un mémoire sur l'origine des sources, dans lequel, parlant de celle du Grozeau et de la Fontaine de Vaucluse, des Fontaines de Nîmes et du Bourg-Saint-Andéol, il faisait remarquer que toutes ces sources, situées sur le terrain néocomien, avaient des étiages se rapprochant bien plus des débits moyens que les rivières ordinaires, et il expliquait la chose par la lente filtration des eaux pluviales à travers l'épaisse couche de terrains qui surmonte ces fontaines, filtration qui fournissait un aliment pendant la sécheresse.

Il définissait le bassin de la Fontaine de Vaucluse par les terrains néocomiens compris entre le Ventoux et la Nesque, soit 96,500 hectares.

M. Hardy, son successeur, remarqua que les crues concordaient avec les pluies dans ce bassin, au sud du Ventoux, et constata l'extrême rapidité de leur propagation, 1, 2 ou 3 jours au plus, pour arriver au réservoir de la Fontaine, distant de 50 kilomètres.

Il en concluait que la masse filtrante, placée à la surface du sol, était relativement mince et qu'il existait de grands canaux souterrains qui amenaient directement les eaux à la Fontaine.

Il remarqua également que les pluies d'été n'avaient pas d'action sur son niveau et expliqua le fait par l'existence de grands réservoirs que remplissaient les pluies lorsqu'ils étaient en partie vidés.

M. Marius Bouvier vint ensuite; il vérifia les constatations de M. Hardy, et, pour expliquer à la fois la rapide propagation des crues d'hiver et l'absence de crues pendant l'été, quand le débit de la Fontaine est inférieur à 15 mètres cubes par seconde, il admit, avec les canaux de M. Hardy, d'immenses réservoirs, rétrécis dans le haut, qui ne forçaient pas les eaux à monter sensiblement quand elles étaient basses et les forçaient, au contraire, à monter quand elles étaient hautes.

Il jaugea les pluies et la Fontaine et fixa son bassin par le néocomien compris entre le Ventoux et le Luberon percé d'avens, soit 1,650 kilomètres carrés (planche I, fig. *a*).

Afin de se rendre compte de la surface des nappes de ces grands réservoirs, il mesura pendant 7 jours, du 22 au 28 mars 1878, à la suite d'une sécheresse exceptionnelle, les niveaux de la Fontaine, ainsi que le débit de ses eaux; il constata un abaissement de 0 m. 11 en 7 jours pour un débit total de 3,689,280 mètres cubes. Admettant qu'il n'avait pu arriver aucune eau par infiltration ou égouttement, il conclut, en divisant le volume par l'abaissement, que les nappes avaient 3,350 hectares de superficie.

En même temps, il fit descendre, les 26-27 mars, dans le gouffre, un scaphandrier, qui put atteindre la cote de 23 mètres au-dessous du zéro et envoyer un boulet en fonte dans le fond, qui s'arrêta à 30 mètres au-dessous de cette cote (planche I, fig. *c*).

Il en conclut que l'on pourrait trouver un énorme volume d'eau en faisant une ·alerie; mais il estima qu'il conviendrait encore d'attendre, pour l'exécuter, qu'on fût nieux fixé sur le bassin de la Fontaine et l'emplacement des réservoirs souterrains.

Ainsi, la rapidité des crues lorsque le débit de la Fontaine est fort, leur absence orsqu'il est faible, la continuité presque indéfinie du débit lorsqu'il atteint 6 mètres ubes, quelques exhaussements fortuits du niveau dans le gouffre, des oscillations lans le débit à l'étiage, tous ces phénomènes semblent donner à la Fontaine un caracère mystérieux, et ce n'est pas sans une grande appréhension que l'on aurait osé y oucher.

Nous allons, par des considérations tirées de l'écoulement même des eaux de la 'ontaine, vérifiées par l'expérience et par la conformation intérieure du néocomien, xposer son mécanisme et expliquer en même temps tous ses phénomènes d'écouement.

Nous verrons ensuite comment elle a pu se créer, et les dangers qu'elle peut courir.

Nous finirons en exposant ce qu'il y aurait à faire, et pour assurer sa conservation, t pour régulariser son débit.

Mais, avant de commencer notre travail, qu'il nous soit permis de remercier nos minents prédécesseurs des matériaux qu'ils ont mis à notre disposition, et particuièrement MM. Marius Bouvier et René Lefebvre pour l'ordre admirable avec lequel ls ont su organiser et nous transmettre les archives du service météorologique de 'aucluse.

C'est ainsi que nous avons, depuis 1876, la cote prise chaque jour au déversoir des ;spélugues, qui reçoit toutes les eaux de la Fontaine; un tableau qui donne, en foncion de la hauteur, le débit qui passe sur le seuil du déversoir des Espélugues; enfin, ne échelle de concordance entre les cotes aux Espélugues et les cotes du sorguomètre ui donne le niveau dans le gouffre de la Fontaine. (Voir le tableau de concordance. ableau n° 1.)

Nous avons, en outre, le nombre de millimètres de pluie qui tombent chaque jour ux différents postes pluviométriques du département et notamment à ceux du bassin le la Fontaine : Sault, Banon, Saint-Christol, Lagarde, Apt, Murs.

On a pu dresser avec ces documents les graphiques insérés chaque année dans les ulletins météorologiques de Vaucluse, donnant la concordance des pluies aux stations u bassin de la Fontaine avec les débits journaliers de celle-ci (planches II *a*, II *b*, ig. *a*, *b*, *c*, *d*, *e*, *f*).

Nous avons vérifié les données des documents écrits (pluies journalières — cote ournalière aux Espélugues) et avons constaté qu'ils donnaient des renseignements rès suffisamment précis pour une étude d'ensemble de la question.

Outre les documents des archives du service météorologique, nous avons eu, pour a partie géologique, les précieux conseils de MM. Leenhardt, professeur à la Faculté le Montauban, collaborateur de la carte géologique de France, qui a fait sa thèse de loctorat sur le Mont-Ventoux et dressé, avec M. Kilian, professeur à la Faculté de ;renoble, la carte géologique de Forcalquier jusqu'à Vaucluse; Torcapel, ingénieur le la Compagnie P.-L.-M., collaborateur de la carte géologique, qui a fait une étude ıttentive du bassin du Coulon, et M. Nicolas, conducteur du service du Rhône, qui a ·érifié, pour les fossiles, ceux des points qui pouvaient paraître douteux.

Enfin, pour la connaissance de l'intérieur du massif, nous avons eu le résumé des explorations faites en 1892 par MM. Martel, Gaupillat et Saint-Martin, dans les avens, grottes et goules du néocomien de Vaucluse, de l'Ardèche, de l'Aveyron et de nombreuses autres régions où il règne.

Aussi nous faisons-nous un devoir de les remercier tous du précieux concours qu'ils ont bien voulu nous prêter, car sans eux, notamment MM. Bouvier, Leenhardt et Martel, nous n'aurions pu poursuivre jusqu'au bout l'étude que nous allons présenter.

CHAPITRE II.

Écoulement des eaux de la Fontaine. — Courbe des débits en fonction des hauteurs. — Courbe des débits en fonction du temps. — Premières indications sur la constitution du système intérieur.

PLANCHE III. *a*. Courbe des débits de la Fontaine en fonction des hauteurs de l'eau dans le gouffre.
a'. Courbe des débits du déversoir seul en fonction des hauteurs.
b, *c*. Courbes des débits en fonction de la hauteur dans un vase percé d'un orifice, de deux orifices.
d. Courbe des débits en fonction du temps d'un vase percé d'un orifice.

PLANCHE IV. *a*, *b*, *c*, *d*. Premiers schémas de la conduite.

TABLEAU N° 2. Tableau de concordance des sources du pied (cote — 2), avec les hauteurs de l'eau dans le gouffre.

TABLEAU N° 3. Quantité de pluie tombée pendant l'expérience du 22 au 28 mars 1878.

II

COURBE DE L'ÉCOULEMENT EN FONCTION DU NIVEAU CONSTATÉ AU SORGUOMÈTRE DE LA FONTAINE. SOURCES.

Si l'on prend dans le tableau n° 1 les cotes des hauteurs du sorguomètre et les débits aux Espélugues et si l'on porte les hauteurs sur l'axe des y et les débits sur l'axe des x, on obtient une courbe (planche III, fig. *a*) qui représente les volumes débités par la Fontaine pour les différentes hauteurs dans son gouffre.

Si l'on examine cette courbe en commençant par le bas, elle paraît singulière au premier abord, attendu qu'un vase percé d'un orifice a, comme courbe de débit en fonction de la hauteur, une parabole

$$d = m\,\omega\sqrt{2gh}$$

(d étant le débit, h la hauteur correspondante sur l'orifice, ω la section de l'orifice, m un coefficient constant), qui donne

$$D = m\,\omega\sqrt{2gH}$$

pour la hauteur initiale H de l'eau, et $d = 0$ quand on arrive à l'orifice pour $h = 0$ (planche III, fig. *b*).

Mais si au lieu d'un orifice on en a deux, chacun d'eux donnera une courbe parabolique dont le paramètre variera comme $\frac{1}{2g\,m^2\,\omega^2}$, m et ω variant pour chaque orifice, et le débit total sera représenté par la somme des abscisses des deux parabol

Si l'on a trois orifices, on aura trois arcs de parabole, et s'il y en a quatre, on aura quatre.

Le barrage de la Fontaine est formé de deux parties : le haut, à partir de 2 mètres au-dessous du zéro du sorguomètre (échelle placée dans le gouffre) jusqu'au seuil, est formé de blocs qui ont roulé du haut de la rive droite; le bas est formé par des assises de rochers compacts qui laissent passer l'eau par les joints.

Il n'y a plus de sources importantes à partir de 2 mètres au-dessous du zéro du sorguomètre, soit que le rocher soit trop compact, soit que les fissures aient été barrées à l'aval par les molasses marines ou le terrain lacustre qui se sont déposés sur le terrain néocomien d'où sortent les eaux.

D'après la courbe de débit, le barrage de la Fontaine se comporte donc comme s'il avait trois orifices principaux placés sur son parement amont à des niveaux de 15 à 12 mètres au-dessus et 2 mètres environ au-dessous du zéro.

Nous avons vérifié qu'il existait, en effet, plusieurs groupes de sources sur la hauteur du déversoir, à des hauteurs sur le parement aval correspondant à celles indiquées sur la courbe pour le parement amont; et pour le dernier groupe, situé à 2 mètres au-dessous du zéro, nous avons constaté, par des jaugeages précis effectués par M. Payan, conducteur du service hydraulique, que leur débit vérifiait sensiblement la formule

$$\frac{d}{d'} = \frac{\sqrt{h}}{\sqrt{h'}}.$$

(Voir le tableau n° 2 à l'appendice.)

Il en résulte que le niveau de l'eau dans le gouffre correspond bien au débit des sources et qu'elles sont en communication directe avec les orifices à l'intérieur du barrage, qui sont accusés par les jarrets de la courbe du débit en fonction de la hauteur. L'écoulement à travers le barrage ne présente donc aucune anomalie quant au débit des sources qui en sortent.

DÉVERSEMENT.

Si l'on examine la courbe de débit aux Espélugues quand la Fontaine déverse, on voit qu'il atteint, pour des hauteurs successives de 0, 1, 2, 3 mètres au-dessus du seuil du barrage, des volumes respectifs de 22 m. c. 27, 24 m. c. 90, 43 m. c. 55, 134 m. c. 20 par seconde.

Ces volumes comprennent, outre l'eau qui déverse par-dessus le barrage de la Fontaine, celle qui est débitée par les sources qui se font jour dans la masse et au pied de ce barrage.

Pour tenir compte du débit de ces dernières, il suffit de prolonger (planche III, fig. *a'*) au-dessus du seuil, jusqu'à la cote de 24 mètres, la courbe parabolique des débits, et les abscisses correspondant à la courbe à ces différentes hauteurs de 0, 1, 2, 3 mètres au-dessus du seuil indiqueront les débits propres des sources du barrage, qui, pris sur l'épure, seront respectivement de 22 m. c. 27, 22 m. c. 60, 22 m. c. 80, 23 mètres cubes, quand le niveau de l'eau atteindra la cote de 21, 22, 23 et 24 mètres au-dessus du zéro du sorguomètre.

Le débit provenant du siphon qui amène l'eau de déversement sera donc la différence entre le débit total constaté aux Espélugues et celui des sources sortant du barrage, soit o, 2,30, 20,75, 111,20 pour des hauteurs d'eau sur le seuil de o, 1, 2 et 3 mètres.

Ce siphon a même débité jusqu'à 125 mètres cubes en 1886, sans que le niveau de l'eau ait sensiblement monté sur le déversoir. Ce niveau atteint alors le pied d'un figuier qui a poussé sur le parement du rocher.

Pour que le siphon, dans lequel le scaphandrier n'a pas pu descendre à plus de 23 mètres de profondeur au-dessous du zéro du sorguomètre, en 1878, et qui se prolonge au moins à 30 mètres au-dessous de ce zéro, d'après l'expérience des boulets arrêtés dans leur parcours, puisse débiter ce volume, il faut que le réservoir placé en arrière ou la conduite qui le précède prennent une charge considérable au moment des pluies.

Si l'on veut bien remarquer, en effet, que le débit d'un siphon est donné par la formule $R\left(\frac{h-h'}{d}\right)=b_1\frac{Q^2}{\omega^2}$, dans laquelle R est le rayon, $\frac{h-h'}{d}$ la charge, b_1 un coefficient de résistance dépendant de la paroi, ω la section, Q le débit, on voit que lorsque le débit varie dans la proportion de 1 à 125, la charge varie de 1 à 125^2, soit de 1 à 15,625.

Pour donner une idée de ce que pourrait devenir cette charge moyenne par mètre courant, pour une conduite de 5 mètres de diamètre, par exemple, dans laquelle un scaphandrier aurait pu descendre sans être obligé de s'arrêter, il convient de remarquer que, pour un débit de 1 mètre cube, un siphon de 1 mètre de diamètre doit avoir une charge, par mètre, de o m. 004.

Pour débiter 125 mètres cubes, un siphon de 5 mètres de diamètre devra avoir une charge, par mètre, donnée par l'expression

$$\frac{5\times x}{1\times 0{,}004}=\frac{b_1\dfrac{125^2}{25\,\omega^2}}{b'_1\dfrac{1^2}{\omega^2}};$$

b_1 et b'_1 ne différant guère,

$$x=0{,}004\times\frac{125^2}{5\times 25};\ \text{d'où } x=0{,}50.$$

On voit donc que pour débiter 125 mètres cubes par seconde, un tuyau de 5 mètres de diamètre devrait avoir une charge de o m. 50 par mètre courant environ.

Nous ne voulons faire aucune hypothèse sur les dimensions de la conduite qui amène l'eau au gouffre, en ce qui concerne sa longueur et son diamètre; nous nous contenterons de retenir qu'elle se charge considérablement à l'époque des pluies.

Afin d'écouler les eaux pluviales qui tombent sur tout le bassin de la Fontaine, l'on doit admettre que cette conduite se développe en se ramifiant sous tout le bassin et doit être chargée par ces eaux, auxquelles elle donne rapidement un prompt écoulement.

On est donc conduit à supposer qu'il existe des conduites et que ces conduites ont leur charge produite non par leur pente propre, qui devrait être trop considérable dans certains cas, mais par d'autres conduites, amenant l'eau de haut en bas, qui font elles-mêmes charge sur les conduites horizontales.

On peut donc admettre, comme premier schéma, un réseau de conduites soit horizontales, soit échelonnées horizontalement, sur lesquelles viennent s'embrancher des conduites amenant de haut en bas les eaux de pluie qui font charge (planche IV, fig. *a*, *b*).

Nous verrons plus loin que cette opinion se corroborera, et par des considérations hydrauliques, et par l'étude de l'effet des eaux en pression dans les terrains néocomiens.

ÉCOULEMENT EN FONCTION DU TEMPS.

Si l'on considère les courbes des débits (planche II, fig. *a*, *b*, *c*, *d*) pour les années 1882, 1883, 1884, 1885, qui ont correspondu aux plus grandes eaux et aux plus grandes sécheresses, on remarque que la courbe du débit, lorsqu'il diminue, affecte la forme d'un genre hyperbolique convexe vers l'axe des x, qui aurait pour asymptote une parallèle à cet axe des x, correspondant à un débit voisin de 5 mètres cubes par seconde.

Dans un vase percé d'un orifice, on peut, par l'expérience (planche III, fig. *d*) et par le calcul, établir que le débit va en diminuant proportionnellement au temps; qu'il est $m\omega\sqrt{2gH}$ par seconde à l'origine et nul au bout d'un temps : $t = \frac{2\sqrt{H}S}{m\omega\sqrt{2g}}$; S étant la surface du vase, ω la section de l'orifice, H la hauteur d'eau à l'origine.

Si l'on construit l'ordonnée

$$Y = m\,\omega\sqrt{2gH}$$

correspondant à l'origine, et l'abscisse

$$t = \frac{2\sqrt{H}S}{m\,\omega\sqrt{2g}},$$

on voit que la ligne droite qui représente la valeur du débit en fonction du temps a une inclinaison :

$$-\frac{m\,\omega\sqrt{2gH}}{2\sqrt{H}S} \times m\,\omega\sqrt{2g}$$

ou

$$-\frac{2g\,m^2\,\omega^2}{2S},$$

qui ne dépend que de la section du vase et de la dimension de l'orifice.

Si l'on considère la partie inférieure du barrage de la Fontaine entre les cotes de 12 mètres et — 2 mètres au-dessus du sorguomètre, afin de n'avoir plus à considérer qu'un orifice unique dans le bas, le débit en fonction du temps dans cette partie devrait diminuer sensiblement comme les ordonnées d'une ligne droite qui tendrait vers l'axe des x.

On remarque, au contraire, que, même en considérant les années de plus grande sécheresse, la courbe des débits est toujours convexe vers l'axe des x, c'est-à-dire que le débit diminue moins qu'il ne devrait diminuer, et que, par conséquent, il arrive de l'eau de l'intérieur de la montagne.

S'il n'arrivait plus d'eau d'amont, à un moment donné la courbe du débit se dessinerait suivant une ligne ayant toujours sensiblement la même inclinaison, à moins que la section du réservoir ne varie beaucoup.

Comme la tangente à la courbe augmente, au contraire, à mesure que l'on approche de l'étiage, attendu qu'elle passe de $-\frac{dV}{dt}$ à zéro, il en résulte que le niveau baisse moins vite qu'il ne devrait et qu'il arrive toujours à la Fontaine une certaine quantité d'eau, même au moment de l'étiage minimum.

La courbe du débit a sa tangente horizontale lorsque le débit de l'eau qui entre est égal à celui de l'eau qui sort du réservoir, attendu que ces volumes sont reliés par la relation

$$-\mathrm{S}.dh + \mathrm{d}.dt = \mathrm{D}.dt,$$

D, d, étant les débits sortant et entrant, t le temps, S la surface;

ou

$$\frac{dh}{dt} = \frac{\mathrm{D} - \mathrm{d}}{\mathrm{S}};$$

$$\frac{dh}{dt} = 0 \text{ quand } \mathrm{D} = \mathrm{d}.$$

Lorsque $\frac{dh}{dt}$ est nul, $\frac{d\mathrm{D}}{dt}$ est également nul, car $\frac{d\mathrm{D}}{dt} = \frac{d\mathrm{D}}{dh} \times \frac{dh}{dt}$.

Du moment qu'il arrive à la Fontaine de l'eau de l'intérieur de la montagne quand les eaux sont basses, il en arrive à plus forte raison quand elles sont plus hautes, attendu qu'il a plu depuis moins longtemps, et il en arrive, par conséquent, toujours de l'amont.

On voit donc que le calcul de M. Bouvier, à la suite de l'expérience du 22 mars 1878, reposait sur une hypothèse inexacte, attendu qu'il admettait qu'il n'arrivait plus d'eau au réservoir de la Fontaine.

Mais l'expérience de M. Bouvier, si elle ne donne pas d'indications exactes sur la surface des nappes qu'il admettait, est précieuse en ce sens qu'il a plu pendant l'expérience du 22 au 28 mars 1878, et qu'il est tombé, pendant cette période, 13 millions de mètres cubes sur le bassin (voir le tableau n° 3).

Or, pendant ce temps, on n'a constaté aucune modification sensible à la marche d'abaissement du niveau dans la Fontaine. Il faut en conclure que la conduite qui amène les eaux est capable de retenir toutes les eaux d'une pluie moyenne à un moment donné et que les eaux arrivent à la Fontaine par des conduites-réservoirs d'une forme se rapprochant de celle indiquée par les schémas (planche IV, fig. *c*, *d*). Les eaux, arrivant de haut en bas dans les conduites, ont pu commencer à creuser légèrement leur fond en certains points.

Nous verrons plus loin que le schéma se justifie et par les phénomènes d'écoulement et par la manière dont fonctionne le système.

CHAPITRE III.

Néocomien. — Bassins du Coulon et de la Nesque. — Bassin souterrain de la Fontaine. — Avens. — Formation du mécanisme de la Fontaine. — Dangers qu'elle pourrait courir dans l'avenir. — Moyen de les diminuer. — Formation des grands réservoirs souterrains. — Goules de l'Ardèche et de l'Aveyron. — Schéma du mécanisme intérieur de la Fontaine. — Fonctionnement du système.

PLANCHE IV. Fig. *a*, *b*, *c*, *d* : Premiers schémas de la conduite.
Fig. *e* : Schéma définitif du système de la Fontaine.
Fig. *f* : Dessin du rocher du barrage de Saint-Saturnin-d'Apt.

PLANCHE V. Fig. *a* : Coupe en long du bassin de la Fontaine.
Fig. *b* : Coupe en travers du bassin de la Fontaine.

PLANCHE VI. Fig. *a* et *b* : Aven de Jean-Nouveau (Vaucluse). Aven de Vigne-Close (Ardèche).
Fig. *c* : Igue et rivière souterraine des Combettes, près Carlucet (Lot).

PLANCHE VII. Fig. *a* et *b* : Grotte de l'Écluse (Ardèche). Grotte de Saint-Marcel (Ardèche).

PLANCHE VIII. Fig. *a* et *b* : Tindoul de la Vayssière (Aveyron). Grotte du Sergent (Hérault).

TABLEAU N° 4. Comparaison du débit de la Fontaine au débit des pluies tombées sur le bassin en 1891.

III

NÉOCOMIEN.

La Fontaine de Vaucluse jaillit au pied d'un énorme rocher de 200 mètres environ de hauteur, qui surplombe à l'aval de 5 à 6 mètres. Ce rocher est tout entier de nature urgonienne (entre le néocomien supérieur et l'aptien inférieur) et repose sur les premiers affleurements du néocomien supérieur.

L'urgonien de Vaucluse a de 150 mètres à 200 mètres d'épaisseur moyenne; c'est un calcaire coralligène, compact, fissuré, quand il a été grillé par le soleil, à *baumes* et *requiema*, rapporté par MM. Leenhardt et Kilian à l'aptien inférieur (voir leurs travaux géologiques sur le Ventoux et les monts de Lure).

L'urgonien repose sur le néocomien supérieur, qui renferme des assises stratifiées en dalles (zones dites *étage barrêmien*, des mêmes auteurs), à silex ou charveyrons, *Ammonites difficilis* et intercalations de lits marneux.

La puissance du néocomien est variable : elle atteint 1,000 mètres environ sur le versant Nord du Ventoux; et du moment qu'il vient affleurer par sa partie supérieure à la Fontaine de Vaucluse, il est à supposer que les couches de marnes, qui le rendent imperméable, sont situées sensiblement plus bas.

La roche urgonienne, à la surface du sol, est extrêmement fissurée, et les fissures en sont, en général, remplies de dépôts argileux qui permettent aux plantes d'y végéter. La cassure en est très anguleuse, comme celle de l'argile déposée sur les bords de la Durance ou du Coulon et qui a séché au soleil.

Quelquefois, on le rencontre dans certaines failles en grandes masses compactes, durcies à l'air, comme, par exemple, sur le front du rocher qui surplombe la Fontaine de Vaucluse et les rochers sur lesquels s'appuie le barrage de Saint-Saturnin, près d'Apt, que l'on approche très commodément en suivant la crête du barrage. Alors il n'est plus fendillé, mais les surfaces verticales que l'on peut observer sont percées d'un grand nombre de petits orifices de dimensions variables, qui sont en général accusés par des mousses sur leurs bords et par lesquels sortent les eaux qui ont pénétré dans la roche. On peut voir à Saint-Saturnin que ces orifices sont, en général, arrimés suivant les assises des différentes couches de formation du rocher (planche IV, fig. *f*).

Cet urgonien, à Orgon, où il forme des carrières puissantes, est une pierre formée d'une agglomération de coquilles cassées, qui ont été réduites en petits grains par le mouvement des eaux et qui, lorsqu'elle est nouvellement extraite, peut se débiter à la scie; elle durcit avec le temps, n'est pas gélive et résiste très bien aux intempéries.

On voit, par ce qui précède, que le dessus de l'urgonien se prête par ses innombrables fissures à l'imbibition rapide des eaux pluviales et que lorsque les eaux arrivent sur les parties rocheuses compactes, leur pression, à un certain moment, est capable d'y créer de petits canaux qui vont en augmentant avec le temps et le volume des eaux débitées sous pression.

BASSINS DE LA NESQUE ET DU COULON.

Si l'on considère les deux bassins de la Nesque et du Coulon (planche I, fig. *a*), compris entre le Ventoux au nord, le Luberon au midi, les hauts plateaux des arrondissements de Forcalquier et Sisteron à l'est, et les monts Vaucluse à l'ouest, on remarque que tous les sommets de ces chaînes sont formés d'urgonien fissuré qui est recouvert dans le fond de la vallée du Coulon par des marnes aptiennes, qui, rongées par la rivière, laissent apparaître l'urgonien dans les environs d'Apt.

COUPE EN LONG DU BASSIN DE LA FONTAINE.

La coupe de ce bassin, de Vaucluse à Saint-Christol et Banon (planche V, fig. *a*), reste tout le temps dans le calcaire urgonien moyen et inférieur, sauf dans la gorge de Vaucluse, qui laisse affleurer les calcaires du néocomien supérieur, tout entier récifal, et à Saint-Christol, où les évents ou avens se trouvent pour la plupart dans le calcaire intermédiaire entre les calcaires à orbitolines et les calcaires francs à *Scaphites Yvanii*. Cette coupe, d'ailleurs, interrompue par de nombreuses failles assez importantes, ne serait pas d'un grand secours pour comprendre les eaux de la Fontaine de Vaucluse, dont l'accumulation s'explique plus naturellement en considérant le grand synclinal de la vallée d'Apt.

COUPE EN TRAVERS DU SYNCLINAL DE LA VALLÉE D'APT.

La coupe du Ventoux au Luberon est schématiquement assez simple et peut être représentée comme il est indiqué (planche V, fig. *b*). On voit l'urgonien affleurer les dessus des crêtes du côté intérieur du bassin, plonger dans l'intérieur de la vallée, où il est recouvert par les marnes aptiennes; sur les versants Nord du Ventoux et Sud du

Luberon, on voit la section marneuse du néocomien supérieur qui règne en dessous et commence à donner à la grande cuvette sa consistance imperméable.

Si l'on considère que le zéro du sorguomètre de la Fontaine est à la cote 84, inférieure sensiblement à la cote du fond du Coulon dans le voisinage, on voit que les eaux de la vallée du Coulon peuvent toutes arriver à la Fontaine. Comme, d'un autre côté, de grandes failles, dans les environs de Murs, Lioux et Saint-Saturnin, relient les deux bassins de la Nesque et du Coulon, il n'est pas surprenant que l'on retrouve à la Fontaine, comme nous le verrons plus loin, toutes les eaux pluviales qui tombent sur ce bassin, déduction faite de celles qui s'écoulent par les deux rivières.

La rivière de Vaucluse, à la sortie de la source, coule du sud au nord, et toutes les sources qui l'alimentent au pied du barrage de la Fontaine arrivent de la rive droite, ce qui s'explique par l'accumulation de l'eau dans la montagne, selon l'inclinaison des couches qui forment une vaste gouttière venant de l'est.

La gorge représente l'affleurement le plus bas des couches du néocomien supérieur, qui plongent légèrement dans la vallée d'Apt pour se relever sur le versant Nord du Luberon.

La rive gauche de la rivière de Vaucluse est formée, partie par les couches correspondantes à la rive droite, partie par des couches plus élevées géologiquement, mais abaissées par une faille marginale dont on voit nettement la trace sur la tête du gouffre. On ne découvre aucune source sur cette rive gauche.

Ces renseignements nous ont été donnés en grande partie par M. Leenhardt, qui a étudié à fond le Ventoux, dont il a fait le sujet de sa thèse de doctorat, et qui a dressé, avec M. Kilian, la carte géologique de Forcalquier, qui comprend le bassin considéré de Banon à Vaucluse.

BASSIN DE LA FONTAINE.

Si l'on considère le Coulon et la Nesque, on remarque que ces rivières, qui devraient, en raison de l'étendue de leurs bassins respectifs de 900 et 1,100 kilomètres carrés et des pluies de la région, comparativement à la Durance, débiter de 5 à 7 mètres cubes en moyenne, sont, en général, à sec pendant trois et quatre mois de l'année et ne débitent en eaux moyennes que 150 et 250 litres par seconde.

La Durance, dont le bassin a 15,000 kilomètres carrés et qui débite, en moyenne, 250 mètres cubes par seconde, écoule les 70 p. 100 de l'eau pluviale qui tombe sur son bassin, comme le Pô, qui coule sur des terrains granitiques et les affluents supérieurs de la Loire, 64 p. 100. Les collecteurs de Paris débitent les 70 p. 100 des eaux pluviales qui tombent sur les pavés de la capitale.

Le lit de la Durance et de ses affluents est établi, à l'amont, sur les terrains primitifs et jurassiques imperméables et, dans les deux tiers de leur parcours, sur l'urgonien et le néocomien.

Nous avons trouvé, dans les fondations du pont de Bonpas, à 4 mètres au-dessous du fond de la rivière, des marnes bleues, molasses marines, d'après M. Déperrit, professeur à la Faculté de Lyon, qui, avec le néocomien, constituent à eux deux, à l'extrémité aval de la rivière, un bassin souterrain étanche qui relève les eaux à la surface du lit.

C'est cette étanchéité du fond du bassin qui donne à la Durance son grand débit relatif.

EXPÉRIENCES DE 1880 SUR LE DÉBIT DU COULON.

Des expériences précises faites en 1880 et 1881 (rapport de M. Aubin, du 19 mai 1881) à Oppedette, sur le Coulon, quand il s'est agi de construire un barrage-réservoir pour retenir les eaux destinées à alimenter la rivière en été, ont démontré que, pendant onze mois, du 1er juin 1880 au 1er mai 1881, pour une hauteur de pluie de 0,834, la rivière avait débité 18 millions de mètres cubes, correspondant à 12,5 p. 100 des 145 millions de mètres cubes de pluie tombée sur les 17 kilom. carrés 50 du bassin en amont.

La nature du sol du bassin du Coulon étant sensiblement la même à la surface que celle d'une grande partie du bassin de la Durance, on ne s'explique la faiblesse de ce débit relatif que par la perte des eaux à travers les fissures innombrables qui font de la roche urgonienne un véritable crible, ces eaux n'étant pas ramenées dans le lit par une couche imperméable.

Cette eau se perd donc à l'intérieur de la montagne et doit s'arrêter sur les couches imperméables du néocomien, qui règnent au-dessous de l'urgonien. Le bassin de la Nesque est absolument analogue à celui du Coulon.

Si maintenant on considère une période de 1891, par exemple, comprise entre deux étiages où le débit de la Fontaine a été sensiblement le même, — nous verrons plus tard pourquoi — et pendant lesquels la pluie tombée a été sensiblement la même que dans l'expérience de 1881 à Oppedette, si l'on calcule le volume de la pluie tombée sur les deux bassins de la Nesque et du Coulon à l'aide des hauteurs de pluies constatées aux pluviomètres, si l'on retranche de ce volume de pluie les 12,5 p. 100 correspondant à ce qu'a pu enlever le ruissellement par les rivières, on trouve que le débit de la Fontaine, pendant la même période, a été les 70 p. 100 environ de cette différence (tableau n° 4).

Le débit de la Fontaine de Vaucluse est donc celui d'une rivière à bassin imperméable qui débite les 70 p. 100 des eaux pluviales qui tombent sur son bassin souterrain; les 30 p. 100 qui manquent correspondent, comme pour la Durance, soit à des pertes souterraines, soit à l'évaporation et à la végétation.

Si la Fontaine de Vaucluse se comporte comme la Durance, cela tient à la configuration de son bassin souterrain, qui, après avoir recueilli toutes les eaux, est barré à l'aval par des rochers du néocomien supérieur et des marnes marines, qui forcent toutes ces eaux à passer à l'orifice de sortie de la Fontaine.

Ces eaux étant celles qui arrivent sur les pentes imperméables qui aboutissent à la Fontaine, le bassin souterrain de celle-ci sera sensiblement, en raison du parallélisme approximatif des différentes couches géologiques, le bassin orographique de la Nesque et du Coulon, en y ajoutant les hauts plateaux qui les limitent, dont les versants souterrains peuvent prendre la direction de la Fontaine.

SURFACE DU BASSIN DE LA FONTAINE.

Dans ces conditions, on peut estimer à 1,450 kilomètres carrés environ le bassin de la Fontaine, comprenant les postes pluviométriques de Vaucluse établis à Sault, Saint-Christol, Banon, Murs et Apt, qui en divisent la superficie en parties sensiblement égales.

AVENS.

Si l'on considère ce bassin, on y remarque, comme l'avait déjà fait M. Bouvier, des avens extrêmement nombreux disséminés sur presque toute sa surface.

En suivant les talus en déblais des chemins nouvellement construits, on y voit les coupes d'innombrables fissures, remplies, vers la surface du sol, d'argiles, dans lesquelles les plantes peuvent prendre racine et qui forment des conduits naturels pour les eaux pluviales qui vont rejoindre le fond de la montagne.

Les eaux pénètrent donc dans la roche fendillée par une infinité de petites fissures; mais, de temps en temps, soit qu'elles aient trouvé une voie plus facile, soit à l'intersection de deux fentes plus larges, elles se sont frayé un passage plus commode et ont formé des avens, les uns bouchés dès l'origine par des terres, les autres descendant verticalement jusqu'à de grandes profondeurs dans le sol.

MM. Martel, Gaupillat et Saint-Martin en ont exploré un certain nombre dans Vaucluse, l'Ardèche, l'Aveyron, etc. Nous donnons la coupe des avens de Jean-Nouveau, près de Sault (Vaucluse) et de Vigne-Close (Ardèche), indiqués dans l'*Annuaire du Club Alpin*, de 1892 (planche VI, fig. *a* et *b*).

On voit que ces avens vont en s'élargissant à mesure que l'on descend et qu'ils reçoivent les apports d'autres avens plus courts, qui viennent s'y embrancher.

Ils forment de véritables rivières verticales avec leurs affluents, et les affluents rejoignent en général, à angle droit, la branche maîtresse.

On a pu descendre à 163 mètres dans le premier et à 190 mètres dans le second, et l'on a dû s'arrêter, en général, à des bifurcations présentant un rétrécissement ou à des obstacles argileux ne permettant pas aux explorateurs d'aller plus loin.

FORMATION DU MÉCANISME DE LA FONTAINE.

Les angles droits qui règnent dans tout le système indiquent que les eaux, en se frayant un passage, ont suivi les arêtes des parallélépipèdes, suivant lesquels la roche a présenté des lignes de moindre résistance, comme nous l'avons constaté aux rochers du barrage de Saint-Saturnin (planche IV, fig. *f*).

Cette espèce de clivage parallélipipédique droit a quelque chose d'analogue au retrait de l'argile qui a séché et s'explique par la composition de la roche d'un calcaire plus ou moins argileux formé sous l'eau, comme l'indiquent les fossiles qu'il renferme, et qui, en séchant, a subi des retraits moins marqués que dans l'argile, mais suffisants pour y déterminer des surfaces de moindre résistance, orthogonales, dont les eaux ont suivi les intersections qui lui présentaient la voie la plus facile.

Si l'on remarque que les avens ont subi les pluies des périodes miocène, pliocène et quaternaire, qui ont pu les remplir d'eau sur des hauteurs de 200, 400 et 600 mètres, et si l'on tient compte des pressions énormes qu'a développées cette eau dans les avens et les failles, de 20, 40, 60 kilogrammes par centimètre carré, soit 200, 400, 600 tonnes par mètre carré, on comprend que ces *immenses pressions* ont dû permettre à l'eau de se frayer un chemin dans les parties les plus profondes de la masse de la montagne et provoquer souvent le renversement de blocs énormes de rochers.

C'est ainsi que doit s'expliquer le détachement des rochers qui ont laissé à nu le parement même du front de la Fontaine, et le léger surplomb de 4 à 6 mètres de ce parement pourrait peut-être s'expliquer par l'effet de l'eau accumulée dans une faille en arrière, qui a fait enfoncer à l'aval le pied du bloc de tête sur son assise marneuse.

Quoi qu'il en soit, on voit, en examinant attentivement le rocher de tête de la Fontaine, des traces d'écoulement d'eau par de petits conduits qui viennent y aboutir, ce qui prouve que cette rupture s'est produite dans l'intérieur d'une grande ramification de conduites qui doivent aboutir à la grande conduite-réservoir qui alimente la Fontaine.

Cette conduite, dont l'entrée a été explorée au scaphandrier en 1878, s'est frayé un chemin par la grande faille qui a sa trace sur le rocher de tête de la Fontaine et qu'ont suivie les eaux qui, du bas, viennent aboutir au gouffre (voir planche I, fig. *c*), qui forme comme une soupape de sûreté du système.

GOULES ET SOURCES.

Les avens avec leurs affluents ont donc permis la descente des eaux au fond de la montagne; ces eaux, en vertu de leur pression, se sont ensuite fait jour par un cheminement soit horizontal, soit échelonné horizontalement, et sont venues aboutir à un point où elles ont pu s'écouler à l'air libre.

Lorsque la nature des fissures a disposé la conduite en forme de réservoirs de niveau communiquant par des siphons, l'écoulement à travers les vases communiquants à orifice noyé nous indiquera qu'il doit exister un débit prolongé si les eaux ne se perdent pas dans les couches inférieures, et insensible à l'action des pluies lorsque le débit est faible.

Si, au contraire, les réservoirs descendent en cascades, avec orifices de communication à l'air libre, les mêmes expériences, que l'on décrira plus loin, indiquent que le système se videra beaucoup plus rapidement, et l'on n'a plus alors que des goules pouvant débiter beaucoup à l'époque des pluies, mais qui se vident rapidement pour rester à sec pendant la saison sèche. Il en est ainsi, à plus forte raison, si le massif est fissuré et ne retient pas les eaux.

La Fontaine de Vaucluse, dont les eaux sont retenues par la cuvette imperméable du néocomien et qui aboutit à l'air par un siphon, se trouve dans les conditions voulues pour assurer son fonctionnement, comme nous l'avons indiqué plus haut.

DANGERS QUE COURT LA FONTAINE.

Mais si l'on remarque que des pluies comme celles de 1886 peuvent développer des charges considérables, en raison de l'insuffisance du débit de la soupape de sûreté qui se trouve au gouffre et des sources du pied du barrage, et que des pluies supérieures qui ne pourraient trouver un débouché suffisant, arriveraient très vite à charger considérablement l'intérieur du système, en raison de la faible dimension relative du pied des avens par rapport à la surface du bassin, on comprend combien il serait *dangereux de modifier la situation actuelle, soit en barrant les eaux, soit en cherchant à rétrécir leurs conduites* intérieures ou de sortie.

Il conviendrait, au contraire, afin d'assurer une plus longue existence à cet admirable instrument qui fait la richesse du département de Vaucluse, d'augmenter sa soupape de sûreté et de faciliter, en temps d'inondation, l'évacuation des eaux.

Si des pluies telles que celles de 1886 ne présentent pas de dangers sérieux au point de vue de la charge, elles ont l'inconvénient de faire travailler pendant plusieurs mois consécutifs les conduites intérieures à haute pression. Ce mouvement rapide de l'eau en pression a pour effet d'augmenter les sections, et il faut prendre garde qu'un jour ou l'autre les sources agrandies, dont on ne serait pas maître de régler le débit, ne débitent trop d'eau en hautes et moyennes eaux, pour ne plus en laisser suffisamment en été dans la montagne pour fournir aux temps de sécheresse.

Il conviendrait donc, pour la sécurité et la conservation du système, d'assurer aux eaux de pluies extraordinaires un écoulement plus facile qui empêchât les conduites des sources de s'agrandir, afin de ne pas débiter trop d'eau en forte charge et d'en conserver pour l'été.

Une galerie, dont on serait maître à l'aide de vannes, permettrait d'atteindre le double but de diminuer les charges intérieures du système, en donnant plus d'issues aux eaux en temps d'inondation, et d'empêcher les orifices des sources de s'agrandir sous l'action d'un travail forcé trop prolongé.

On arriverait ainsi à conserver, dans les années ordinaires, plus d'eau pour l'alimentation d'été.

FORMATION DES RÉSERVOIRS INTÉRIEURS DE LA FONTAINE.

On voit, par ce qui précède, que l'eau a commencé par descendre dans la montagne par les fissures et les avens, que cette eau en pression s'est ensuite frayé un chemin au fond de chaque vallon, pour arriver à l'air libre par une grande conduite-réservoir maîtresse, et que, suivant la disposition de cette conduite horizontale avec siphons ou en cascade et la nature du sous-sol perméable ou imperméable, elle a formé soit une source continue, soit une goule ne coulant qu'après les pluies.

Il existe certains avens de Vaucluse qui débouchent à 800 mètres de hauteur comme Jean-Nouveau, par exemple; d'autres seulement à 300 mètres. Ces avens sont reliés par les conduites souterraines qui les font communiquer avec la conduite-réservoir maîtresse.

A l'époque diluvienne, les grandes différences de charge qui ont pu régner dans cette canalisation et la pression dans le fond ont produit des lavages intérieurs puissants et profonds, et c'est ainsi que peut s'expliquer l'origine geysérienne, donnée aux dépôts d'ocres, de gypses et de soufres qui se trouvent à la cote 400 dans le bassin d'Apt.

Ces ocres ferrugineuses, ces gypses et ces soufres appartiennent au néocomien moyen, c'est-à-dire à une époque antérieure à l'urgonien qu'ils recouvrent, et ils ont dû être apportés à la surface du sol par les puissants lavages qui se sont opérés sous l'influence des différences énormes de pression dans les avens du Ventoux et les avens de la plaine communiquant par les conduites.

L'enlèvement de ces ocres, soufres, etc., a creusé dans l'intérieur de la montagne d'immenses réservoirs, qui peuvent contenir une énorme quantité d'eau, comme on le verra plus loin, et accumuler les volumes d'eau que débite la Fontaine en été.

GOULES DE L'ARDÈCHE.

Les goules de l'Ardèche, du Tarn, de l'Aveyron, etc., et de tous les néocomiens e calcaires que l'on a visités ont dû être formées de la même façon, et leurs différences de formes et de capacités de leurs réservoirs tiennent aux différentes conditions dans lesquelles elles se sont créées, soit au point de vue de la nature des roches souterraines, soit au point de vue de la différence de hauteur des avens qui les desservaient.

Nous donnons ci-contre, d'après l'ouvrage de M. Martel, les plans et coupes de la rivière des Combettes (planche VI, fig. *c*), de la grotte de l'Écluse et de la grotte de Saint-Marcel-d'Ardèche (planche VII, fig. *a*, *b*), le tyndoul de la Vayssière (Aveyron), la grotte du Sergent (Hérault) [planche VIII, fig. *a* et *b*].

En examinant ces goules, on voit qu'elles cheminent suivant des lignes rectangulaires, ce qui vient à l'appui de la théorie sur leur formation.

Parlant de la goule de *Beaumes de Saunas*, M. Martel s'exprime ainsi (*Bulletin du Club Alpin Français*, *1892*, page 224) :

« Plus remarquable même que la goule de Fossolie est celle de la *Beaumes de Sau-* « *nas*, entre Saint-Paul-le-Jeune et Saint-André-de-Cruzières. Nous y avons découvert « 2,600 mètres de galeries en trois parties; d'abord en amont. . . 360 mètres aboutissant « à un siphon plein d'eau; puis en aval. . . une galerie unique de 1,920 mètres de « longueur à sec pendant les premiers jours de septembre; un lac nous y a arrêtés; « enfin, greffée sur clete galerie, une troisième branche de 320 mètres finissant égale- « ment à un siphon. Revenus quelques jours après avec un bateau pour explorer le « lac, nous avons trouvé tout le système rempli d'eau : il avait plu, un torrent s'en- « gouffrait dans l'entrée et une cataracte se précipitait à la sortie. *Un aven de 30 mètres* « *de profondeur (la Coquillière) ouvert en plein sur la grande galerie, et par où nous avions vu* « *le ciel dans notre première visite, était transformé en simple puits et ressemblait alors à Ré-* « *méjadou.* »

Réméjadou est un aven de 27 mètres, dans lequel arrive au fond un ruisseau et d'où l'eau sort par un siphon pour se perdre dans l'intérieur du sol.

On voit donc que la goule de Beaumes de Saunas, à la suite des pluies, est pleine d'eau, et que son débit est activé par la charge d'un aven, phénomène semblable à celui qui doit se passer lorsque les goules et sources des autres régions se mettent en grande charge à la suite de fortes pluies.

Parlant de la caverne du Boundoulaou (c'est-à-dire le Bourdon), dans l'Aveyron, même volume, page 226, M. Martel s'exprime ainsi :

« La caverne du Boundoulaou (c'est-à-dire le Bourdon), près Millau, a trois ouver- « tures dans les falaises du Larzac; la plus basse vomit de l'eau après les pluies, et « trois sources sont échelonnées au pied de la caverne sur 100 mètres de hauteur. Les « trois ouvertures communiquent entre elles par un réseau complexe de galeries et de « salles; un lac intérieur forme le réservoir *à niveau variable* des diverses sources; les « deux ouvertures supérieures ont été jadis habitées, et toute une famille, probablement « néolithique, a été surprise et noyée dans l'une des galeries basses par quelque crue « du réservoir : bien que les restes de sept individus déjà aient été extraits de cet « ossuaire, il y a encore beaucoup à fouiller au Boundoulaou. L'accès en est difficile. »

On pourrait peut-être expliquer de la même façon les fossiles nombreux de grands mammifères que l'on a trouvés dans les marnes aptiennes, les grottes et cavernes des montagnes calcaires du Ventoux et du Luberon qu'ils habitaient et où ils mouraient à l'époque néolithique ayant été balayées par les eaux qui ont pu se frayer un passage par leurs travers.

SCHÉMA DE LA FONTAINE DE VAUCLUSE.

(Planche IV, fig. *e*.)

Quoi qu'il en soit, il résulte de ce qui précède que la conduite-réservoir de la Fontaine de Vaucluse doit avoir une forme analogue à celle des goules que l'on a visitées dans l'Ardèche et dans le Tarn, avec cette différence que les eaux y arrivent en siphonnant des derniers réservoirs aval et que les réservoirs formés sous l'influence de différences de charges plus fortes, agissant sur des terrains marneux particulièrement affouillables, y sont énormément développés.

Nous donnons ci-contre, d'après les indications géologiques et celles qui résultent des considérations qui précèdent, un schéma figuratif de la conduite-réservoir principale (planche IV, fig. *e*).

Des conduites-réservoirs analogues placées au fond de chaque vallon, alimentées soit par des fissures, soit par des failles, soit par des avens, dont les dernières ramifications viennent aboutir à la surface du sol, forment comme une immense pieuvre ou goule ayant ses branches ou artères principales au fond des vallons et dont les plus petits tentacules viennent tous aboutir en se ramifiant plus ou moins à la surface du sol.

FONCTIONNEMENT DU SYSTÈME.

Que l'on suppose un pareil système plongeant dans une cuvette étanche; à l'époque des inondations, les avens se chargeront dans une certaine mesure, ainsi que la conduite-réservoir, qui aura un débit considérable. Les avens se chargeront d'autant plus par le pied qu'ils recevront plus d'eau.

Que les pluies cessent, les avens et la conduite-réservoir se videront peu à peu, pour ne plus laisser pleins les réservoirs. Le débit sera alors moindre, et, s'il survient une pluie, les trop-pleins des réservoirs déverseront rapidement les uns dans les autres et le niveau du dernier réservoir aval, qui est en communication avec le gouffre, montera rapidement.

Au bout de quelque temps de sécheresse, les réservoirs se videront en partie, soit par siphonnement, soit par les fentes des cloisons qui les séparent, et, lorsqu'ils seront à moitié vides, par exemple, s'il survient une pluie moyenne qui ne les fasse pas déborder, on ne verra presque aucun effet se produire au gouffre de la Fontaine.

Il ne pourra se produire un effet rapide que si une pluie tombée au-dessus des derniers réservoirs à l'aval vient déboucher directement par un aven dans le dernier même, qui est en relation directe avec le gouffre.

Les réservoirs, communiquant soit par des siphons inférieurs, soit par des fissures se comporteront comme une série de réservoirs communiquants de niveau et assureront à la Fontaine, comme on le verra par les expériences qui suivent, un débit continu qui ne variera que très peu, en raison des cloisonnements, et qui pourra se prolonger indéfiniment, attendu que les périodes d'absolue siccité sont rares et que les moindres pluies, sur un bassin de 1,450 kilomètres carrés, produisent toujours une quantité d'eau assez considérable.

Les oscillations dans le débit des vases communiquants expliquent les variations constatées en basses eaux par les usiniers de Vaucluse et de Mousquetty, qui croyaient à un moment donné, que ces variations provenaient d'éclusées à l'amont.

Enfin, qu'un aven rempli d'eau vienne à se défoncer subitement dans une conduite par l'effet de la pression des eaux qu'il renferme, comme il sera en général rempli d'argile à son pied, il en résultera un certain trouble dans les eaux de la source, comme on en a constaté de temps à autre.

Le système merveilleux adopté par la nature pour arriver à transformer un débit intermittent en un débit continu sensiblement uniforme et à conserver les excédents pour les distribuer ensuite, mérite d'attirer l'attention sur deux points principaux, que nous croyons devoir signaler, parce qu'il peut y avoir lieu dans certains cas de chercher à l'imiter.

Lorsque nous avons, en 1885, été chargé d'étudier le projet d'assainissement de Toulon, nous avons été conduit à traduire, pour notre usage personnel, l'ouvrage de M. Hobrecht sur les canalisations de Berlin, et nous avons été frappé des précautions qu'avait prises ce savant ingénieur pour dégager des conduites l'air qui en est, comme il le dit, le grand ennemi.

Lorsque nous avons étudié et exécuté les grands siphons du canal de Manosque, celui de Volx, par exemple, qui a 1 kilomètre de longueur et 80 mètres de charge d'eau, nous avons cherché à appliquer ces principes et avons placé des ventouses à tous les coudes. A la suite de plusieurs coups de bélier provoqués par le dégagement de l'air qui était entré dans le siphon pendant le remplissage et s'était ensuite dégagé sous l'action du soleil, nous avons dû constater que ces ventouses n'étaient pas suffisantes et nous avons été conduit à percer sur toute la longueur de l'arête supérieure du siphon de nombreux trous qui, ouverts pendant le remplissage, donnaient des dégagements à l'air et faisaient ressembler les tuyaux à de longues flûtes, avec des trous distants de 25 à 30 mètres les uns des autres.

La nature a, du premier coup, compris l'utilité de ces évents sur les conduites en charge, et les avens ou fissures qui y amènent les eaux sont une cause de conservation qui empêche les coups de bélier qui pourraient s'y produire à un moment donné et détériorer le mécanisme. Avec la conduite d'évacuation du gouffre qui est une soupape pour les excédents d'eau, ils constituent des appareils de sûreté en vue du dégagement de l'air et assurent la conservation du système.

Il y a donc lieu, chaque fois que l'on a à construire un gros siphon dans lequel l'eau peut se mettre en forte pression et emmagasiner de l'air, de le munir de trous nombreux, qui permettent à cet air de sortir facilement pendant le remplissage.

En se plaçant à un autre point de vue, si l'on examine le moyen employé pour conserver les eaux de printemps et les débiter en été, on voit qu'il pourrait être avantageux d'établir, en amont des rivières, des réservoirs destinés à recueillir les pluies de printemps, formés par des barrages cloisonnés, percés d'orifices convenables, de façon à leur donner, à un moment donné, un débit automatique continu et sensiblement uniforme, de manière à augmenter légèrement le débit de la rivière en été.

Cette eau devrait ensuite être, comme elle l'est à la Fontaine par le relèvement de la couche imperméable, arrêtée dans le lit de la rivière par de petits barrages souterrains n'empêchant pas les crues de passer, mais suffisants pour diriger vers les prises d'irrigation les eaux qui filtrent actuellement dans les graviers et vont se perdre à l'aval sans utilité.

Le barrage souterrain qu'a construit Montricher pour la prise du canal de Marseille est un commencement de ce qui devrait être fait dans l'avenir.

Si l'on considère que les cours d'eau du Midi, même ceux alimentés par les neiges, n'ont plus un débit suffisant en été pour assurer le service des irrigations, et qu'un débit supplémentaire de 8 à 10 mètres cubes par seconde pendant un mois environ pourrait, en général, améliorer notablement la situation existante, on est en droit de se demander si l'on ne pourrait pas, dans certains cas, par la construction de petits barrages ou souterrains ou à l'air libre, capter les eaux qui filtrent sous le gravier ou ruissellent sur les pentes et retenir, à l'époque des pluies du printemps, un certain volume d'eau, 100 millions de mètres cubes, par exemple, qui, distribués ensuite d'une façon continue et uniforme par des cloisonnements bien compris, assureraient pendant un mois un débit d'étiage moins difficile.

Une étude plus complète de la question pourra seule permettre de se rendre compte de ce qu'il peut y avoir lieu de tenter dans ce sens, quand ce ne serait que pour chercher à éviter, dans la pratique, d'en arriver à appliquer l'article 3 du projet de réglementation des prises d'eau de la Durance à l'aval du pont de Mirabeau, qui vient d'être soumis aux enquêtes et dont l'application, à l'approche du débit de 2 mètres cubes au viaduc de Barbentane, aurait quelque chose de cruel pour les dernières concessions.

CHAPITRE IV.

Vérification expérimentale par l'écoulement des eaux par des réservoirs communiquants. — Influence des cloisonnements sur la courbe du débit en fonction du temps. — Courbe des volumes débités pour des abaissements successifs de 1 centimètre. — Réservoirs échelonnés en escaliers. — Courbes de débit en fonction du temps. — Courbe des volumes débités en fonction des abaissements successifs. — Étude du mouvement oscillatoire et de la courbe des volumes débités pour des abaissements successifs dans des systèmes présentant un nombre variable de réservoirs communiquants de niveau (tableau n° 5). — Réalisation de la courbe du débit de la Fontaine. — Transmission rapide en hautes eaux. — Insensibilité du remplissage d'un compartiment intermédiaire en basses eaux. — Examen des courbes des volumes débités en fonction des abaissements successifs, les deux robinets étant ouverts successivement. — Échelonnement des niveaux successifs, le niveau du premier réservoir à l'amont restant fixe, les orifices de communication variant. — Fontaine établie sur le rocher des Doms. — Application de l'écoulement par vases communiquants à la vidange des réservoirs. — Application au cloisonnement de l'issue des réservoirs. — Écoulement par trois robinets placés sur un même tuyau. Transformation du débit intermittent en un débit continu sensiblement uniforme.

PLANCHE IX. Fig. *a, b, c, d, e* : Réservoirs de niveau. — Débits en fonction de la hauteur et en fonction du temps.

PLANCHE X. Fig. *a, b, c, d, e, f* : Influence des cloisonnements et de leurs orifices de communication sur les débits d'écoulement et sur les charges.

PLANCHE XI. Fig. *a, b, c, d* : Réservoirs échelonnés.

PLANCHE XII. Fig. *a, b, c, d, e* : Volumes débités et oscillations dans des systèmes d'un nombre variable de réservoirs de niveau.

PLANCHE XIII. Fig. *a, b, c, d* : Réalisation de la courbe des débits en fonction de la hauteur de l'eau dans le gouffre.

PLANCHE XIV. Fig. *a, b, d, e* : Courbe des volumes débités pour des abaissements successifs dans le dernier compartiment.

Fig. *c* : Courbe des volumes débités pour des abaissements successifs de 1 mètre dans la Fontaine de Vaucluse.

PLANCHE XV. Fig. *a, b, c, d* : Projet de Fontaine de Vaucluse à établir sur le rocher des Doms, à Avignon.

TABLEAU N° 5. Débits par minute et volumes débités pour des abaissements successifs de 1 centimètre dans le premier réservoir aval d'un système de vases communiquants de niveau. — Comparaison du débit de la caisse à 4 compartiments avec la même caisse, les 4 cloisons enlevées.

TABLEAU N° 6. Débits par minute et volumes débités pour des abaissements successifs de 1 centimètre dans le premier réservoir aval d'un système de vases communiquants échelonnés.

TABLEAU N° 7. *a.* Influence des cloisonnements et de leurs orifices de communication sur les débits.

b. Débit pendant une minute par chaque cloison de séparation.

TABLEAU N° 8. Caisse à 5 compartiments de niveau. Écoulement par deux orifices superposés.

TABLEAU N° 9. Caisse à 5 compartiments de niveau.

a. Écoulement par l'orifice du haut.

b. Écoulement par l'orifice du bas ouvert à la 22e minute.

IV

Nous avons vu, par ce qui précède, que l'on arrive à présumer l'existence de vase communiquants formant une conduite-réservoir alimentant la Fontaine.

L'étude de l'écoulement des eaux à travers ces vases établis, soit de niveau, so en échelons ou escaliers, fournira des indications précieuses pour la suite de cett étude.

RÉSERVOIRS ÉTABLIS DE NIVEAU.

Nous avons fait construire une caisse de o m. 80 de longueur et o m. 20 de large sur o m. 20 de hauteur, partagée en quatre compartiments égaux par des cloisons percé de trous à la partie inférieure, ainsi que la paroi de la caisse, et nous avons mesur de minute en minute, la hauteur de l'eau dans les différents compartiments. Chaqu compartiment a o m. 20|o m. 20|o m. 20; les trois orifices d'écoulement au bas d cloisons séparatives ont o m. 006 de diamètre.

Nous avons vu les niveaux s'étager suivant les lignes 5-5-5-5, 10-10-10-10 ind quées sur la figure, au bout de 5 minutes, de 10 minutes, etc. (planche IX, fig. tableau n° 5).

Les volumes sont comptés en fonctions de petits parallélépipèdes de o m. 20 s o m. 20 et o m. 01 d'épaisseur, soit 4 décilitres ou 400 centimètres cubes.

Les hauteurs des niveaux successifs dans chaque compartiment sont données par l cotes en centimètres lues sur des échelles placées dans les compartiments.

Les volumes débités sont calculés par les différences des volumes correspondant a niveaux.

On a pris la minute pour unité de temps.

COURBE DU DÉBIT EN FONCTION DU TEMPS.

La forme de cette courbe, qui s'abaisse assez vite, était à prévoir, attendu que premier compartiment à l'aval se vide avec la charge H au début, tandis que les su vants ne se vident qu'avec les différences de charges.

Mais si le premier compartiment se vide relativement vite au début, il se vide tr lentement après, attendu qu'il reçoit les eaux de ceux en arrière, qui ont plus c charge que lui sur les orifices, et qu'il ne se vide complètement qu'en même temps q le dernier.

Si l'on considère la courbe du débit de la caisse en fonction du temps (planche I fig. *d*), on voit qu'elle oscille autour d'une courbe théorique dont la tangente au mente jusqu'à la fin de l'écoulement.

Dans l'expérience que l'on fait à l'abri de la pluie, la tangente à cette courbe n devient jamais horizontale. Si elle le devient dans les courbes du débit de la Fontain cela tient à ce que les eaux pluviales, en exhaussant le niveau des réservoirs à l'amon arrivent à donner à l'avant-dernier, à l'aval, une surcharge d'écoulement égale à charge du dernier, et qui fait entrer dans ce dernier autant d'eau qu'il en sort. No avons vu plus haut que, dans ces conditions, la tangente à la courbe du débit devie horizontale.

Le fait est vérifié par les courbes de débit à travers les différentes cloisons (planche X, fig. *c*), où l'on voit effectivement la tangente à la courbe du débit du dernier orifice devenir horizontale lorsque le débit de l'orifice de sortie est égal à celui qui le précède.

Les oscillations constatées dans le débit ne sont donc pas le fait d'une influence fortuite, mais résultent de la façon même dont s'écoule le liquide à travers les différentes cloisons.

Nous étudierons ultérieurement l'oscillation et nous verrons comment elle varie avec le nombre des compartiments.

L'étude des courbes de débit par chaque orifice intérieur successif serait intéressante au point de vue spéculatif, attendu qu'elle permettrait de se rendre compte de la variation de la tangente à la courbe du débit en fonction du temps avec les différents débits amont et aval de chaque compartiment, et que par l'étude de ces courbes d'écoulement on pourrait arriver peut-être à se fixer davantage sur la conformation intérieure de la Fontaine.

INFLUENCE DES CLOISONNEMENTS SUR LA COURBE DU DÉBIT EN FONCTION DU TEMPS.

(Planche X, fig. *a*.)

Si l'on compare la courbe du débit en fonction du temps pour la caisse à quatre compartiments (planche X, fig. *a*) et pour la même caisse, les cloisonnements enlevés, on voit que, dans le second cas, la caisse se vide plus rapidement; les cloisons ont donc pour effet de ralentir l'écoulement, ce qui était à prévoir.

Si l'on prend une caisse à trois compartiments formés de cloisons percées de trois trous dans le bas et la caisse ayant un orifice unique d'écoulement sur la paroi extérieure, on voit que suivant qu'on laisse les trois trous ouverts, ou les deux trous ouverts, ou un trou ouvert dans chaque cloison, on obtient une courbe (fig. *b*, planche X) qui s'allonge de plus en plus, ce qui était également à prévoir.

Si l'on considère les débits passant à chaque orifice de communication intermédiaire, on trouve les courbes indiquées planche X, fig. *c*.

Nous avons donné ces courbes comme un aperçu de ce qui pourrait être étudié plus tard.

Il serait intéressant de reprendre ces expériences avec des appareils plus perfectionnés, et les résultats qu'on en tirerait pourraient ouvrir de nouveaux aperçus sur l'écoulement de l'eau.

COURBES DES VOLUMES DÉBITÉS POUR DES ABAISSEMENTS SUCCESSIFS DE 1 CENTIMÈTRE.

Si maintenant on construit la courbe du volume débité pour des abaissements successifs de 1 centimètre dans le premier compartiment aval (planche XII, fig. *e*), on trouve que ce volume part de 1,5 sensiblement pour arriver à un maximum vers un certain point et diminue ensuite pour correspondre à un quotient: $\frac{\text{volume}}{\text{abaissement}}$ = sensiblement 4 fois la surface d'un compartiment, c'est-à-dire la surface de la caisse totale.

L'étude de cette courbe étant d'un grand intérêt dans la question qui nous occupe, attendu que la courbe trouvée pour la Fontaine est du même genre, nous la reproduisons dans le cas de l'écoulement par un, deux, trois et quatre réservoirs.

Les courbes obtenues par l'expérience ondulent toutes autour de la courbe théorique en raison de la force d'inertie du liquide en mouvement qui le fait osciller comme une balance qui chercherait constamment à se mettre en équilibre.

Les légères variations de débit constatées journellement, lorsque les eaux sont basses, par les usiniers de Vaucluse et de Mousquetty les plus rapprochés de la Fontaine de Vaucluse, sont sans doute un phénomène de ce genre, et la durée de l'oscillation du dernier réservoir de la Fontaine en communication avec les sources, qu'il conviendrait de suivre avec attention et précision, pourrait peut-être donner, un jour, des indications sur la masse des eaux accumulées dans les deux derniers réservoirs et la hauteur relative de leur niveau par rapport aux orifices de communication. Nous étudierons également cette ondulation dans le cas d'un nombre variable de réservoirs communiquants, afin de voir l'effet du nombre de ces réservoirs sur la forme de l'ondulation.

RÉSERVOIRS ÉCHELONNÉS EN ESCALIER.

Si l'on fait la même expérience avec des vases échelonnés en escalier (planche XI, fig. *a*), on voit qu'à l'origine chaque vase vers l'aval débite avec la même vitesse; que c'est le premier en amont qui, ne recevant rien, se mettra le plus en retard et se videra le premier, puis les autres successivement.

COURBE DE DÉBIT EN FONCTION DU TEMPS.

La courbe de débit en fonction du temps est indiquée par la figure *c*, planche XI, et le tableau n° 6.

Comme ces vases échelonnés ont la même capacité que les vases de niveau considérés précédemment, les aires des courbes de débit en fonction du temps et pour des abaissements successifs auraient été égales si l'on avait pris les mêmes échelles. On voit que les réservoirs échelonnés en escalier ont assez longtemps un gros débit pour se vider ensuite rapidement, tandis que les mêmes réservoirs de niveau arrivent rapidement à un débit relativement réduit, qui se prolonge ensuite beaucoup plus longtemps.

Le temps qu'ont mis les réservoirs de niveau pour se vider est le double de celui qu'ont mis les réservoirs échelonnés à le faire, dans l'expérience qui nous occupe.

COURBE DES VOLUMES DÉBITÉS EN FONCTION DES ABAISSEMENTS SUCCESSIFS.

Quant à la courbe des volumes débités pour des abaissements successifs de 1 centimètre, on voit (planche XI, fig. *b*) que ces volumes vont en diminuant d'une façon continue au fur et à mesure que l'eau baisse dans le dernier réservoir aval.

Ces phénomènes sont en relation directe avec la dimension des orifices de communication et la capacité des réservoirs; suivant la valeur relative de ces quantités, la vidange sera ou accélérée ou ralentie.

Les différences dans le mode d'écoulement et les volumes débités des réservoirs de niveau et échelonnés expliquent, au point de vue de l'écoulement, la différence d'allure des sources et des goules, les premières étant constituées par des réservoirs dont les derniers au moins sont de niveau, les secondes par des réservoirs dont les derniers sont échelonnés avec larges ouvertures en général.

ÉTUDE DU MOUVEMENT OSCILLATOIRE ET DE LA COURBE DES VOLUMES DÉBITÉS POUR DES ABAISSEMENTS SUCCESSIFS DANS DES SYSTÈMES PRÉSENTANT UN NOMBRE VARIABLE DE RÉSERVOIRS COMMUNIQUANTS DE NIVEAU.

(Tableau n° 5.)

Nous donnons (planche XII et tableau n° 5) les valeurs et les courbes des volumes débités en fonction des abaissements successifs par des réservoirs communiquants de niveau au nombre de un, deux, trois et quatre.

Les courbes montrent que l'oscillation va en augmentant à mesure que le nombre des compartiments augmente et que la courbe moyenne des volumes débités en fonction des abaissements a un maximum qui semble se produire vers le bas de la caisse.

Ce maximum est produit par la force d'inertie de la masse d'eau qui, ayant pris une certaine vitesse d'écoulement, dépasse en vertu de sa force vive la position d'équilibre à laquelle elle est finalement obligée d'obéir quand la masse vient à manquer.

RÉALISATION DE LA COURBE DU DÉBIT DE LA FONTAINE.

La forme de la courbe du débit de la Fontaine en fonction du temps (planches II *a* et II *b*, fig. *a*, *b*, *c*, *d*, *e*, *f*) nous montre qu'elle se comporte, aux époques les plus sèches, comme une série de réservoirs de niveau siphonnants, et nous avons cherché à réaliser la courbe des débits à l'aide d'une caisse en zinc (planche XIII, fig. *c*), présentant cinq compartiments communiquant par le bas et terminée à l'aval par deux orifices superposés pouvant être ouverts à volonté, dont l'un se trouve au niveau du fond, l'autre à 0 m. 20 au-dessus. La paroi vitrée de la caisse permettait de suivre le mouvement des niveaux.

Nous avons rempli la caisse sur 0 m. 48 de hauteur et nous avons pris, toutes les minutes, la hauteur dans chaque compartiment, lue sur une échelle placée à leur séparation, les deux orifices ouverts.

Les résultats constatés sont donnés dans le tableau n° 8 ; les volumes sont exprimés en décilitres, les hauteurs en centimètres, le temps en minutes.

On voit sur l'épure que l'on obtient bien pour la courbe des débits en fonction de la hauteur (planche XIII, fig. *d*) une courbe avec un jarret correspondant à l'orifice supérieur. Le jarret de la courbe s'est formé à un niveau légèrement inférieur à l'orifice supérieur, en raison de la force vive de la masse qui ne permet à l'orifice de produire son effet qu'au bout de quelques instants.

Nous avons ensuite construit une seconde caisse avec cheminées permettant de donner des surcharges sur la partie supérieure d'un déversoir (planche XIII, fig. *a*) établi à l'aval de la caisse, représentant le gouffre de la Fontaine.

En admettant une pareille caisse remplie et les deux ajutages ouverts, on voit que l'on obtiendrait, d'après l'expérience précédente, une courbe ayant une abscisse relativement grande au niveau supérieur de l'orifice déversoir, et qui diminuerait ensuite rapidement.

Puis, à partir du déversoir, les deux arcs des paraboles se couperont en un point correspondant à l'orifice supérieur.

Nous n'avons pas pu réaliser l'expérience en raison de la fragilité de notre caisse en zinc qui n'aurait pu supporter les pressions; mais l'expérience serait facile à faire avec une caisse en tôle plus solide.

Supposons notre caisse vidée.

Si l'on fait alors arriver de l'eau dans le premier compartiment d'amont, on voit peu à peu les caisses se remplir par le bas, les niveaux s'échelonnant les plus hauts à l'amont, puis le premier compartiment amont se remplir et se déverser dans le second, ensuite le second dans le troisième et ainsi de suite, chacun successivement dans le suivant.

TRANSMISSION RAPIDE EN HAUTES EAUX.

Lorsque ces compartiments sont pleins, s'il arrive une nouvelle quantité d'eau, ils déversent les uns dans les autres avec rapidité et font monter rapidement le niveau du dernier réservoir en communication avec le gouffre et les ajutages.

INSENSIBILITÉ DU REMPLISSAGE D'UN COMPARTIMENT INTERMÉDIAIRE EN BASSES EAUX.

Quand ils sont en partie vides, on voit que l'on peut remplir un quelconque des compartiments, surtout vers l'amont, sans influencer d'une façon perceptible le niveau du dernier à l'aval et par conséquent le débit des ajutages.

L'action du remplissage n'est sensible sur les ajutages de sortie de l'eau que lorsqu'il a lieu directement dans le dernier compartiment qui communique avec eux.

Le mouvement de l'eau présente une oscillation, comme le montre la figure.

Et l'on explique ainsi et la forme de la courbe prolongée des débits et les différents phénomènes de la Fontaine : rapidité de l'action des pluies en hautes eaux, insensibilité en basses eaux, rapidité en basses eaux dans certaines circonstances, prolongation du débit, et enfin les oscillations qu'ont constatées les usiniers d'amont aux époques d'étiage de la Fontaine, quand la variation devenait plus apparente.

EXAMEN DES COURBES DES VOLUMES DÉBITÉS EN FONCTION DES ABAISSEMENTS SUCCESSIFS, LES DEUX ROBINETS ÉTANT OUVERTS SUCCESSIVEMENT.

Que maintenant on recommence l'expérience en remplissant la caisse comme dans le premier cas, mais en n'ouvrant que l'ajutage supérieur, le robinet du bas restant fermé pour un moment (planche XIV, fig. *a*; tableau n° 9).

On verra le débit se produire comme dans le premier cas, un peu moins fort en raison de l'orifice unique qui le produit, et les niveaux, en arrivant au voisinage de l'orifice supérieur, s'étager d'une façon analogue à celle qu'ils avaient tout à l'heure au moment où le niveau du dernier compartiment arrivait sur l'orifice inférieur.

Lorsque le débit deviendra sensiblement constant, ainsi que le niveau du dernier compartiment sur l'orifice supérieur, que l'on ouvre le robinet du bas : immédiatement le débit reprendra avec une charge sensiblement égale à la différence de niveau des deux orifices et le système continuera à se vider pour arriver, au bout de quelques minutes, à présenter des niveaux échelonnés sur l'orifice inférieur suivant une ligne échelonnée sensiblement parallèle à celle d'avant sur l'orifice du haut.

On voit, par cette expérience, que lorsque les niveaux du dernier réservoir arrivent successivement à affleurer les deux orifices, les lignes suivant lesquelles sont étagés les niveaux dans l'intérieur du système tendent à devenir parallèles et que le volume qui est débité en plus est celui compris entre les deux plans horizontaux correspondant aux niveaux des orifices.

Le volume débité pour la vidange complète au-dessus de l'orifice inférieur serait donc, outre le volume débité par le premier orifice pour arriver au voisinage de l'ajutage supérieur, un volume sensiblement égal à celui débité antérieurement pour abaisser la dernière nappe d'une hauteur égale à la différence de niveau des deux orifices, et en plus le volume qui aurait encore pu être débité sur le premier orifice par le robinet supérieur pour vider la caisse sur cet orifice supérieur lorsqu'on a ouvert le robinet inférieur. (On a indiqué, planche XIV, fig. *b* et *d*, par des hachures, les trois volumes considérés et sur la courbe des volumes débités en fonction des abaissements et sur celle des volumes débités en fonction des hauteurs.)

Nous avons indiqué, sur la figure *a*, planche XIV, les lignes échelonnées de niveau que forment les surfaces liquides quand le niveau du dernier compartiment arrive successivement dans le voisinage des orifices d'écoulement supérieur et inférieur.

On a tracé des hachures lâches indiquant la masse d'eau comprise entre ces deux niveaux, ayant un volume égal à la section horizontale du vase multipliée par la distance des deux orifices, volume sensiblement égal au volume antérieurement écoulé pour un abaissement égal dans le dernier compartiment.

On a indiqué ensuite, par des hachures plus serrées, les volumes qui restaient encore à écouler pour vider le système au-dessus de chacun des orifices.

Cette remarque nous sera très utile dans ce qui va suivre.

On voit, en outre, qu'en raison de l'échelonnement des niveaux dans les réservoirs successifs, lorsqu'il s'agira de comparer les débits de la Fontaine, il faudra toujours se placer à des moments tels que l'étagement des niveaux dans le système puisse être considéré comme sensiblement pareil; sinon les jaugeages de la Fontaine, qui donnent l'écoulement du dernier réservoir, seraient absolument erronés pour leur ensemble. C'est pourquoi, pour mesurer le débit de la Fontaine en 1891 et le comparer aux pluies, nous nous sommes placé à deux étiages sensiblement égaux qui devaient correspondre à des lignes à peu près semblables pour les étagements des eaux dans l'intérieur de la montagne.

ÉCHELONNEMENT DE NIVEAUX SUCCESSIFS, LE NIVEAU DU PREMIER RÉSERVOIR À L'AMONT RESTANT FIXE, LES ORIFICES DE COMMUNICATION VARIANT.

Nous allons montrer que si le niveau du premier compartiment à l'amont est fixe, il est possible, en réglant les orifices de communication, de donner dans les différents compartiments intermédiaires les charges que l'on voudra.

Nous avons percé, dans le premier compartiment amont, un trop-plein sur le côté de notre caisse à cinq compartiments de niveau communiquant par trois orifices égaux dans le bas, de manière à donner une charge constante sur ce premier compartiment.

Nous avons, dans une première expérience, laissé l'eau s'écouler par les trois orifices de chaque cloison et nous avons trouvé pour les différents niveaux une ligne échelonnée par différences sensiblement égales (planche X, fig. *d*).

Nous avons ensuite fait varier le nombre des orifices ouverts dans les différente cloisons et nous avons trouvé les résultats indiqués sur la planche X, fig. *e*, *f*.

La dénivellation entre deux compartiments augmente, comme c'était à prévoir, e raison sensiblement inverse du nombre des orifices de communication ouverts.

Il en résulte qu'en contractant plus ou moins le passage de l'eau par les différente cloisons, on peut faire varier à volonté la ligne de charge des différents compartiment Cette expérience aura son application pratique, comme nous le verrons plus loi

FONTAINE ÉTABLIE SUR LE ROCHER DES DOMS.

Ces principes une fois établis, nous avons demandé à la municipalité d'Avignon l'au torisation d'installer une petite Fontaine de Vaucluse sur le rocher des Doms.

Nous donnons (planche XV, fig. *a*, *b*, *c*, *d*) les plans et coupes d'exécution qui so basés sur les principes établis dans nos expériences.

Nous nous sommes servi d'un réservoir de la ville pour fournir les eaux d'un dé versement de 20 litres par seconde pendant une demi-heure, qui intéressera particu lièrement le public. L'écoulement moyen sera ensuite, pendant une heure et demie de 2 litres par seconde.

Une pomme d'arrosoir permettra de simuler la pluie, qui est sans action sur le sys tème, lorsque les eaux du premier compartiment aval auront suffisamment baissé.

On réalisera ainsi la proportion des débits déversants et non déversants de la Fon taine, 150 mètres cubes et 15 mètres cubes, et la proportion de 1/4 pour les déve sements sur la durée totale de l'écoulement.

Le Conseil municipal d'Avignon a décidé l'exécution de ce petit projet dans s séance du 21 novembre 1893.

APPLICATION DE L'ÉCOULEMENT PAR VASES COMMUNIQUANTS À LA VIDANGE DES RÉSERVOIRS.

On a vu plus haut que lorsque plusieurs réservoirs de niveau communiquent, le charges sur l'orifice s'étagent successivement suivant une ligne échelonnée qui dépen et de leurs capacités respectives et des dimensions de leurs orifices de communicatio

Quelle que soit la charge dans le premier, on pourra, en réglant convenablement le ouvertures de communication, arriver à donner au dernier la charge que l'on voudra et les charges dans les compartiments intermédiaires s'étageront comme on l'a vu plu haut. Nous donnons (planche X, fig. *d*, *e*, *f*) les lignes des niveaux obtenus dan différents cas.

Si donc on se trouve en présence d'une forte retenue d'eau, on pourra, en la fer mant par trois ou quatre cloisons fermées par trois ou quatre vannes, arriver à ouvri et fermer le système sans avoir à vaincre de trop grandes pressions, à la condition d munir chacune de ces vannes d'une petite vannette pouvant être réglée à volonté.

On pourra n'avoir plus ainsi sur chacune des vannes qu'une différence de pressio amont et aval bien affaiblie, comparativement à la pression totale sur une seule vann fermée, et l'on pourra ensuite manœuvrer les vannes successives sans grande difficult

Une étude préalable permettrait d'étudier la manœuvre de ces vannes pour arrive à donner des ouvertures convenables aux vannettes de réglage qui y seraient disposée et ensuite à les ouvrir et les fermer avec facilité.

APPLICATION AU CLOISONNEMENT DE L'ISSUE DES RÉSERVOIRS.

Cette division de la charge initiale en plusieurs autres intermédiaires et l'insensibilité de la dernière, à l'aval, à l'influence des variations de la première, pourra être utilisée dans la construction des barrages en vue de débiter un volume sensiblement constant à l'aval, le système recevant un débit variable à l'amont.

Il suffira pour cela de faire précéder l'orifice de vidange du barrage de deux ou trois compartiments, percés d'orifices convenablement aménagés (planche XVII, fig. *e*, *f*, *g*). Nous verrons dans un autre travail le moyen pratique de cloisonner les réservoirs de retenue.

D'après ce que l'on a vu par l'expérience des vases communiquants, une fois le débit établi dans les différents compartiments, les variations de charge dans le premier, à l'amont, et dans les intermédiaires, n'auront plus d'influence sensible sur le débit du système.

Ces considérations pourront être utilisées un jour dans l'étude des barrages à créer à l'origine des cours d'eau destinés à distribuer ensuite d'une façon uniforme les eaux pluviales que l'on conserverait dans le but d'assurer un supplément constant pendant l'étiage des rivières quand ce supplément pourrait avoir de l'utilité. La constance du débit aurait un intérêt considérable et pour l'alimentation des prises d'eau et pour la production de forces motrices que l'on pourrait transmettre à distance.

ÉCOULEMENT PAR TROIS ROBINETS PLACÉS SUR UN MÊME TUYAU.

Comme application de cette expérience, nous avons placé trois robinets sur un tuyau embranché sur les conduites des eaux d'Avignon qui ont une charge de 25 mètres.

Lorsqu'on ne place qu'un robinet sur le tuyau, le débit à forte pression est extrêmement gênant en raison de la force du jet, tandis qu'avec trois robinets, qu'on ferme à moitié, les deux premiers vers l'amont plus ou moins, on obtient le débit que l'on désire.

Cette remarque serait d'une application utile dans les gares de chemins de fer, par exemple, où l'eau en pression sort en général d'une borne-fontaine, qui éclabousse énormément les voyageurs, qui s'inondent les pieds quand ils ne voudraient se laver que les mains.

En plaçant sur l'ajutage de la borne-fontaine deux robinets noyés qui seraient soustraits à l'action du public, on pourrait régler l'écoulement de façon à obtenir, en manœuvrant un troisième robinet laissé à la portée du public, une vitesse d'eau convenable.

TRANSFORMATION DU DÉBIT INTERMITTENT EN UN DÉBIT CONTINU SENSIBLEMENT UNIFORME.

Le procédé employé par la nature pour transformer un débit intermittent de pluie en un débit continu et sensiblement uniforme des eaux de source mérite d'être sérieusement médité.

La fermeture des réservoirs en pression par plusieurs vannes munies de petits orifices variables, divisant à volonté la charge d'écoulement, pourra quelquefois, dans la pratique, recevoir une application assez facile.

Nous aurons l'occasion d'y revenir, à la fin de ce travail, en parlant des vannes de retenue de la galerie de vidange que l'on pourrait établir, un jour, à la Fontaine de Vaucluse.

CHAPITRE V.

Vérification des phénomènes par les débits de la Fontaine. — Rapide propagation des crues en hautes eaux. — Absence de crues en basses eaux. — Proportion du débit de la Fontaine et des pluies du bassin pour des débits variant de 150 à 25 mètres cubes, de 25 à 13 mètres cubes, de 13 à 6 mètres cubes. — Excédent des volumes des pluies sur les volumes débités avant les déversements. — Excédent des volumes des pluies sur les volumes débités après les déversements. — Volumes emmagasinés à différentes époques dans les réservoirs intérieurs entre le niveau à différents étiages et le niveau correspondant au déversement. — Volume débité pour des abaissements successifs de 1 mètre du niveau de la Fontaine. — Volume supplémentaire que l'on pourrait soutirer en abaissant le niveau de 4 mètres par une galerie. — Manquants pour assurer l'alimentation normale de la rivière. — Possibilité de les combler dans les années ordinaires.

PLANCHE XIV. Fig. *a*, *b*, *d*, *e* : Courbe des volumes débités pour des abaissements successifs dans le dernier compartiment.

Fig. *c* : Courbe des volumes débités pour des abaissements successifs de 1 mètre dans la Fontaine de Vaucluse.

TABLEAU N° 10. Vérification de la rapide propagation des crues en hautes eaux et en basses eaux.

TABLEAU N° 11. Proportion du débit de la Fontaine et des pluies, pendant les différents débits.

TABLEAU N° 12. Excédent du volume des pluies sur le débit :

a. Avant le déversement.

b. Après le déversement.

Volume provenant des réservoirs en 1881, 1892, 1893.

TABLEAU N° 13. Volumes débités par la Fontaine pour des abaissements successifs de 1 mètre, en temps sec, de la cote 12 m. 45 à la cote zéro du sorguomètre.

TABLEAU N° 14. Tableau des manquants.

V

Nous allons vérifier, à l'aide des débits constatés, les différents phénomènes de la Fontaine.

VÉRIFICATION DE LA RAPIDE PROPAGATION EN HAUTES EAUX.

(Tableau n° 10.)

Considérons les fortes pluies d'octobre et novembre 1882, 1886, 1889 et les pluies ordinaires de juillet 1892, août 1890-1891.

On vérifie, par les tableaux, que les maxima des débits des pluies et de la Fontaine se suivent à deux ou trois jours au plus pour les pluies en hautes eaux, et que pour les pluies ordinaires en basses eaux il n'y a plus de maximum de débit correspondant pour des volumes de pluie tombée qui atteignent 60 millions de mètres cubes.

On voit que la montée du volume de l'eau de la Fontaine est de 0 l. 500 par million de mètres cubes de pluie pour les premières et de zéro pour les secondes.

PROPORTION DU DÉBIT DE LA FONTAINE ET DES PLUIES PENDANT LES DIFFÉRENTS DÉBITS.

(Tableau n° 11.)

Si l'on fait la proportion du débit de la Fontaine et du volume des pluies pendant les forts déversements, on voit que le rapport varie de 98-98,50 à 112 p. 100 pour les grands débits correspondant à la période totale du déversement et à 0,40 pour les débits ordinaires et faibles.

Ainsi donc, lorsque le déversement est très fort, les réservoirs intérieurs cessent de se remplir, et ils se remplissent, au contraire, toujours plus ou moins en temps ordinaire par l'effet des pluies.

La moyenne de l'année qui est 64 p. 100 environ est la moyenne géométrique des coefficients trouvés 0,98 et 0,40 appliqués aux volumes correspondants.

EXCÉDENTS DES VOLUMES DES PLUIES SUR LE VOLUME DÉBITÉ AVANT LES DÉVERSEMENTS.

(Tableau 12 *a*.)

Si l'on considère les années où le remplissage se fait relativement lentement, c'est-à-dire sur toute l'étendue du bassin à la fois, et non dans le dernier réservoir à l'aval seulement, on voit que le volume des pluies est notablement supérieur à celui des volumes débités par la Fontaine.

Ainsi, en 1880, on trouve entre l'étiage du 6 août 1880 et le maximum du 30 janvier 1881, 372 millions d'excédents de pluie; en 1891, entre le 8 septembre 1891 et le 26 février 1892, 365 millions; en 1892, entre le 1er octobre et le 22 novembre, 246 millions.

EXCÉDENTS DES VOLUMES DES PLUIES SUR LE VOLUME DÉBITÉ APRÈS LES DÉVERSEMENTS.

(Tableau 12 *b*.)

Si l'on fait le même calcul entre le maximum considéré et l'étiage suivant correspondant sensiblement au même débit qu'à l'étiage précédent, on trouve, même tableau : en 1881, 82 millions; en 1892, 115 millions; en 1893, 111 millions.

VOLUME EMMAGASINÉ DANS LES RÉSERVOIRS INTÉRIEURS ENTRE LES NIVEAUX CORRESPONDANT AU MINIMUM ET AU MAXIMUM DU DÉBIT.

(Tableau 12.)

Quand les eaux montent, les réservoirs se remplissent en partie et l'on a :

$$\text{Pluie} = \text{Débit} + \text{Réservoir} + \text{Évaporation} + \text{Végétation}$$

ou :

$$P = D + R + e + v.$$

Dans la période descendante, les réservoirs doivent se vider en partie, et comme on considère des niveaux d'étiage sensiblement égaux, on peut admettre, jusqu'à un certain point, que le remplissage dans la première période sera sensiblement égal à la vidange dans le second et poser pour cette seconde période :

$$P' = D' - R + e' + v'.$$

Si l'on fait la différence et si l'on remarque que $e + v$ dans le premier cas est sensiblement égal à $e' + v'$ dans le second, on a

$$R = \frac{(P-D)-(P'-D')}{2}.$$

Soit 227 millions de mètres cubes en 1881, 125 millions de mètres cubes en 1892 et 67 millions de mètres cubes en 1893.

VOLUME DÉBITÉ PAR DES ABAISSEMENTS SUCCESSIFS DE 1 MÈTRE DU NIVEAU DE LA FONTAINE.

(Tableau 13.)

Nous avons cherché à mesurer le volume débité pour abaisser en temps de sécheresse la dernière nappe qui communique avec le gouffre et avons choisi, dans la série des périodes, celles les plus sèches où il n'a, pour ainsi dire, pas plu, pendant lesquelles le niveau de l'eau dans la Fontaine a passé successivement par des cotes variant de 12 mètres à zéro.

Nous avons trouvé, pour 1 mètre d'abaissement aux différents niveaux, les volumes suivants débités (tableau n° 13) :

De...	12^m,50 à 9^m,50	1,700,000 mètres cubes.
	9 50 à 7 80	2,000,000
	7 80 à 6 70	1,900,000
	6 70 à 5 50	3,250,000
	5 50 à 4 00	2,900,000
	4 00 à 2 60	8,000,000
	1 20 à 0 56	20,000,000
	0 56 à 0 00	29,000,000

Défalcation faite, pour les deux derniers, de la légère quantité d'eau tombée pendant l'abaissement.

Nous avons figuré ces volumes sur la planche XIV, fig. c, par des abscisses, parallèles à l'axe des x pour les différentes hauteurs.

On voit que la courbe obtenue est du même genre que celle obtenue pour les réservoirs communiquants de niveau et qu'en admettant le même volume de 2,60 à 1,20 que de 4,00 à 2,60, soit 3,000,000 pour cet abaissement, le volume débité pour abaisser le dernier réservoir de 4 mètres sur la cote zéro est supérieur à 50 millions de mètres cubes.

La courbe indique que le volume débité pour des abaissements successifs de 1 mètre est sensiblement constant de 12 mètres jusqu'à 4 à 5 mètres au-dessus du zéro du sorguomètre; il semblerait, d'après cela, que l'influence des cloisonnements des réservoirs ne commencerait à se faire sentir qu'à partir de ce niveau, et que ces réservoirs descendraient sensiblement plus bas que le zéro dans la Fontaine, attendu qu'avant d'arriver au fond, la courbe des volumes débités doit passer, comme on l'a vu (planche XIV), par un renflement que l'on paraît encore loin d'atteindre d'après la forme de la courbe des débits vers la cote zéro du niveau de la Fontaine.

VOLUME SUPPLÉMENTAIRE QUE L'ON POURRAIT SOUTIRER EN ABAISSANT LE NIVEAU DU DERNIER RÉSERVOIR DE 4 MÈTRES PAR UNE GALERIE.

L'expérience indiquée au chapitre IV (planche XIV, fig. *b*, *d*, *e*) prouve que, lorsque le débit commence à devenir sensiblement uniforme au-dessus d'un orifice, l'ouverture d'un orifice placé à une certaine distance en dessous permet, au bout d'un certain temps, d'abaisser les nappes d'eau dans les différents réservoirs suivant une ligne échelonnée sensiblement parallèle, distante d'une quantité sensiblement égale à la distance des deux orifices, et d'obtenir un volume supplémentaire sensiblement égal à celui débité antérieurement pour produire cette différence de niveau lorsque le niveau initial est au-dessus des cloisonnements.

On voit donc que si l'on perçait à 4 mètres au-dessous du zéro une galerie de section égale à celle des sources existantes à la cote – 2, comme le cloisonnement dans la Fontaine ne se relève pas au-dessus de la cote 4, on soutirerait une quantité d'eau en plus correspondant sensiblement à celle débitée par l'abaissement antérieur de la cote 4 mètres à la cote zéro, pendant un temps à peu près égal à celui qu'a mis la dernière nappe à baisser de cette quantité, et qu'ensuite la galerie continuerait à fonctionner comme auraient fait les sources qui avaient encore à épuiser 2 mètres de hauteur, quand le niveau avait atteint le zéro.

Le volume supplémentaire correspondant au premier abaissement de 4 mètres serait donc, d'après l'épure, voisin de 50 millions de mètres cubes.

Mais les eaux de la Fontaine arrivées au zéro avaient encore une charge de 2 mètres sur les orifices des sources situées à la cote – 2 qui produisent son débit de 5 mètres cubes en basses eaux.

A l'allure de la courbe des débits, il est facile de se rendre compte que, lorsqu'il reste 2 mètres de hauteur dans le dernier réservoir de la Fontaine sur l'orifice, il existe encore une énorme quantité d'eau à débiter dans la Fontaine pour l'assécher complètement, attendu qu'elle mettrait encore un temps assez long pour se vider complètement jusqu'au niveau de son orifice de sortie. Si donc on donne à la galerie une section suffisante pour laisser écouler les eaux à volonté, on pourra trouver, en plus du volume correspondant à l'abaissement lui-même, tout le volume qui aurait continué à couler par les sources actuelles pour assécher les sources situées à la cote – 2, c'est-à-dire pour épuiser la Fontaine dans sa configuration présente.

Ce dernier volume correspondant à l'assèchement complet et les 50 millions provenant du fait de l'abaissement de 4 mètres de l'orifice de puisage formeraient un total probablement supérieur aux 80 ou 100 millions de mètres cubes manquant dans les années ordinaires.

MANQUANTS.

(Tableau n° 14.)

Il manque chaque année, en effet, en été, un volume d'eau variable pour donner un débit uniforme de 18 mètres cubes par seconde à la rivière.

Nous donnons (tableau 14) les chiffres des manquants des différentes années, qui varient de 80 à 100 millions pour les années ordinaires et à 250 millions pour les années sèches.

POSSIBILITÉ DE LES COMBLER DANS LES ANNÉES ORDINAIRES.

On est donc à peu près certain, d'ores et déjà, d'avoir plus d'eau qu'il n'en faudra pour combler les 80 ou 100 millions de mètres cubes qui manquent dans les années ordinaires. Pour qu'il n'en fût pas ainsi, il faudrait que le dernier réservoir à l'aval ait son fond établi juste à la cote zéro, où l'on s'est arrêté jusqu'à présent, chose infiniment improbable en raison même de la forme de la courbe des volumes débités pour des abaissements successifs de la Fontaine.

Si jamais on exécutait la galerie, on verrait, par ce qu'elle donne, ce qu'il y aurait à proposer pour assurer, à l'aide d'un siphon complémentaire, le débit uniforme de la rivière dans les années même les plus sèches.

CHAPITRE VI.

Volume d'eau qui reste inutilisé chaque année. — Causes de ce phénomène. — Galerie. Siphon. — Moyen de donner à la Fontaine un débit uniforme.

EAU RESTANT INUTILISÉE CHAQUE ANNÉE.

Il convient de remarquer que dans les années ordinaires le niveau correspondant à un débit de 8 mètres de l'étiage de la Fontaine est de 2 mètres (planche III, fig. 1) au-dessus du zéro du sorguomètre et que ce niveau n'arrive au zéro que dans les années exceptionnellement sèches.

Ce niveau ne s'abaisse pas davantage en raison de la petitesse des orifices d'écoulement formés par les lignes d'assises de la roche néocomienne compacte par laquelle elles s'échappent en eaux basses, compacte au point que, depuis des siècles, elles ne se sont pas élargies d'une façon trop sensible.

MOYEN DE REMÉDIER À L'INSUFFISANCE DES ORIFICES.

Le moyen de remédier à cet état de choses consisterait à forer dans la masse rocheuse qui constitue le barrage de la Fontaine, dans sa partie inférieure, une galerie d'un diamètre suffisant pour arriver à vider l'eau du premier réservoir à l'aval sur 4 mètres de hauteur à partir du zéro.

Une galerie de ce genre, munie de vannes, permettrait de vider à volonté le premier réservoir à l'aval dont le niveau s'abaisserait à 4 mètres au-dessous du zéro.

Le niveau de ce réservoir s'abaissant ainsi plus rapidement, la charge d'écoulement par siphonnement du suivant serait augmentée et ce second réservoir se viderait lui-même plus vite, donnant une charge supérieure au troisième et ainsi de suite.

L'expérience de la caisse démontre qu'une pareille opération aurait pour effet d'abaisser sensiblement de 4 mètres la ligne échelonnée suivant laquelle sont étagés les niveaux de l'eau dans les réservoirs successifs.

On arriverait ainsi à pouvoir disposer de toute l'eau comprise entre les deux lignes analogues à celles de l'épure de l'expérience que nous avons faite (planche XIV, fig. *e*) et comme ces courbes se prolongent dans les différentes conduites-réservoirs qui sont au fond de chaque vallon, à disposer d'un volume d'eau égal à celui obtenu par les calculs qui précèdent.

Si l'abaissement correspondant à un abaissement à la cote de 4 mètres au-dessous du zéro obtenu par la galerie ne suffisait pas, on pourrait augmenter ultérieurement l'abaissement au moyen d'un siphon plongeant à 4 ou 5 mètres plus bas; mais il ne faut pas perdre de vue que plus on abaissera la nappe, plus on gênera en été d'usines en aval de la source, et il y aura lieu de faire une juste appréciation et des résultats à obtenir et des intérêts à sacrifier ou, autrement dit, des sacrifices à faire pour les indemniser.

CHAPITRE VII.

Esquisse d'un projet de galerie. — Nature du terrain à choisir. — Galerie étanche. — Cheminées. — Sondages préalables. — Dépenses. — Conditions de bon fonctionnement. — Vannes de retenue. — Application aux vannes d'arrêt de l'écoulement par vases communiquants. — Travaux du tunnel du Ragas à Toulon. — Indications à en tirer. — Fonctionnement de la Fontaine après l'exécution de la galerie. — Débit constant pendant l'été, pouvant être rendu uniforme pendant toute l'année.

PLANCHE XVI. Fig. *a* : Plan d'ensemble de l'origine de la rivière de Vaucluse.
Fig. *b* : Coupe du gouffre suivant l'axe de la rivière.
Fig. *c* : Coupe du tunnel du Ragas, à Toulon.

PLANCHE XVII. Fig. *a* : Vue d'ensemble de la vallée de Vaucluse.
Fig. *b*, *c*, *d* : Schéma de la galerie. — Coupe en travers.
Fig. *e* : Conduite à trois robinets.
Fig. *f* et *g* : Barrages cloisonnés.

ESQUISSE D'UN PROJET DE GALERIE.

(Planche XVII, fig. *b*.)

L'exécution d'une galerie ne paraît pas devoir présenter de difficultés insurmontables, si l'on peut disposer les choses pour écouler facilement les eaux qu'on rencontrera, ne s'attaquer qu'à des terrains rocheux, et si l'on ne cherche pas à pousser trop rapidement les travaux, afin de laisser pendant deux, trois ou quatre campagnes au besoin, le temps aux rochers de s'égoutter.

Lorsque, sur la rive gauche, où ne se rencontre aucune source, on se sera rendu compte, par des sondages sérieux consistant en trois ou quatre puits descendant, si c'est possible, au niveau de la galerie définitive, de la hauteur de la nappe d'eau souterraine, on pourra, à cette hauteur, commencer par établir une galerie de 2 mètres de largeur en pente aussi forte que possible vers l'aval, afin d'écouler les eaux d'infiltration, et l'on abaissera cette galerie par échelons successifs jusqu'à 2 mètres en contre-bas du fond de la galerie maîtresse, qui aura 4 mètres de largeur, afin de n'être pas trop gêné par les eaux pour exécuter cette dernière.

Cette petite galerie une fois creusée, on travaillera dans le bas pour donner à la galerie maîtresse sa forme définitive. La galerie totale devra pouvoir débiter en tout 18 mètres cubes par seconde, attendu que les sources qui coulent actuellement seront asséchées par elle. Pour débiter ce volume de 18 mètres cubes, la galerie devra être disposée comme il suit :

L'extrémité aval de son plancher devra aboutir à la cote 78,60 au droit du barrage Tacussel Isidore. En admettant une longueur totale de galerie de 500 mètres et une pente de o m. 002, le niveau de ce plancher, à l'arrivée dans la Fontaine, sera établi à la cote 79,60.

Le zéro du sorguomètre étant à la cote 84,45, les eaux ne devront jamais descendre au-dessous de la cote 80,45.

La hauteur d'eau sur le plancher de 4 mètres de largeur sera donc de 0,85 au moins.

Pour cette hauteur de 0 m. 85 et 4 mètres de largeur, on aura : section $\omega = 3,40$; périmètre mouillé $\chi = 5,70$; rayon moyen $R = 0,60$; et par la formule $RI = b_1 u^2$, où $b_1 = 0,0002$ pour une paroi unie, $u = 2$ m. 5 et $Q = 8$ m. 50.

Pour la partie inférieure, on aura : $\omega = 4$; $\chi = 6$; $R = 0,66$; $b_1 = 0,0002$; $u = 2,50$ et $Q = 10$.

Le débit total de l'ensemble, pour les années exceptionnellement sèches, sera donc de 18 mètres cubes.

Dans les années ordinaires, la galerie de 4 mètres sera suffisante, attendu que les eaux ne descendront probablement pas si bas, et l'on pourra barrer l'extrémité du canal d'asséchement inférieur, afin de ne pas gêner les usines en aval de Tacussel Isidore.

Dans les années très sèches, il est possible que l'on soit obligé de sacrifier les quatre premières usines amont pour donner 18 mètres cubes à toutes les usines aval des Sorgues et de Vaucluse.

On pourrait, en élargissant suffisamment la galerie de 4 mètres et en la portant à 8 mètres, ne sacrifier jamais que deux usines. Il y aura là une question à étudier si l'on se décide jamais à faire les travaux.

On sera probablement arrêté à une certaine distance dans l'avancement de la petite galerie en raison des eaux d'infiltration; mais, l'année suivante, les faibles débits commençant plus tôt, on pourra avancer le travail. Dans une troisième campagne, on pourra aller encore plus avant, et il est probable qu'au bout de la quatrième campagne, on pourra atteindre les parties vives de la Fontaine, c'est-à-dire le tuyau-siphon dans lequel est descendu le scaphandrier en 1878.

GALERIE ÉTANCHE. — CHEMINÉES.

Il faudra avoir soin, au fur et à mesure de l'avancement des travaux de la galerie, de la maçonner solidement, à moins qu'elle ne se trouve dans une roche extrêmement compacte et de la munir de trois ou quatre vannes de retenue logées dans des cheminées de 24 à 26 mètres de hauteur, afin que les eaux ne puissent jamais sortir du sol.

SONDAGES PRÉALABLES.

Nous donnons (planche XVII) une coupe en long schématique de cette galerie. Mais avant de l'entreprendre, il faudra sonder très sérieusement le terrain pour examiner s'il ne serait pas de nature à créer trop de difficultés.

Nous ne donnons ces explications que comme simple aperçu, nous réservant, si un jour ou l'autre on juge convenable de songer à exécuter le travail, de nous assurer par des sondages et une étude sérieuse du terrain de ce que l'on pourra tenter.

CONDITIONS D'UN BON FONCTIONNEMENT.

Mais il est essentiel, si l'on veut obtenir un résultat absolument satisfaisant, d'aller assez avant pour que les eaux puissent arriver sans aucune difficulté à la galerie ou au siphon; sinon l'on arriverait, comme à Toulon, pour le tunnel du Ragas, où l'on s'est arrêté en chemin, à faire un travail assez coûteux qui n'a donné qu'un résultat médiocre au point de vue du supplément d'eau obtenu. Il faut pouvoir disposer des eaux à volonté pour n'avoir plus que le souci de les régler et de les modérer ensuite.

VANNES.

La galerie serait percée dans le rocher conformément à l'indication du schéma. On pourrait étudier un système de vannes manœuvrées par les cheminées; chacune d'elles pourrait être percée d'une vannette que l'on réglerait afin de disposer conformément à l'expérience (planche X, fig. *d*, *e*, *f*) les charges sur chacune de leurs faces, de façon à pouvoir peu à peu ouvrir chacune d'elles sans trop de difficulté. Ces vannes ensuite ouvertes plus ou moins assureraient un débit constant aux eaux.

La coupe en travers de la galerie serait disposée de manière à pouvoir dans son fond faire écouler 10 mètres cubes d'eau par seconde, ce qui permettra d'y entrer en été malgré les suintements qui pourraient s'y produire.

Mais l'étude complète du système n'est pas nécessaire pour le moment, comme nous l'avons dit plus haut.

DÉPENSE.

Cette galerie, qui aura environ 500 mètres de longueur, pourra coûter 600,000 francs avec ses mécanismes, non compris l'indemnité qu'il faudra payer aux deux ou trois usines d'amont, Tacussel frères et Tacussel Isidore, pour la privation d'une partie de leurs eaux pendant l'été. Ces chiffres ne sont qu'une approximation qui paraît établie assez largement pour une section de 20 à 25 mètres carrés que l'on pourra peut-être assécher assez facilement, attendu que les travaux ne s'exécuteront que lorsque le niveau des eaux aura suffisamment baissé.

En admettant une subvention de 1/3 de l'État, il resterait aux usines et aux associations à payer une somme d'environ 400,000 francs répartie entre 5,000 chevaux-vapeur d'usine et 2,000 hectares arrosés, soit 65 francs par cheval et par hectare représentant 7 francs par an pendant 10 ans, soit 8 à 10 francs en tenant compte des dommages causés aux deux ou trois usines d'amont.

Telle serait l'économie générale du projet qui aurait pour effet, et de régulariser le débit de la Fontaine dans les années ordinaires, et d'assurer sa conservation en cas de pluies extraordinaires.

Nous allons dire quelques mots d'un travail analogue exécuté à Toulon.

TRAVAUX DU RAGAS À TOULON.

(Planche XVII, fig. *c*.)

La source de la Foux qui alimente Toulon prend naissance au pied d'un plateau de 60 à 70 kilomètres carrés, de calcaire assez accidenté. Les eaux de ce plateau alimentent, en même temps que la Foux, la source de Saint-Antoine.

D'après les renseignements qui nous ont été confirmés par M. Zurcher, ingénieur en chef à Toulon, collaborateur de la carte géologique de France (Castellane), c'est le calcaire urgonien qui forme une grande partie de cette région, qui renferme également des dolomies du jurassique supérieur et des couches cénomaniennes et même turronniennes, ces deux dernières gisant au-dessus de l'urgonien tandis que les dolomies jurassiques sont en dessous.

La cause qui fait émerger la Foux se rapporterait bien, en somme, à l'existence de couches imperméables, mais il n'est guère possible de dire que c'est par telle ou telle zone argileuse que les eaux sont retenues, car si dans l'ensemble du massif il est évident que c'est à une couche inférieure à l'urgonien qu'il faut attribuer ce rôle, il résulte nettement des observations que la barrière imperméable au point d'émergence est constituée par des marnes et des argiles turronniennes dont le gisement est au-dessus de l'urgonien.

Comme on le voit, la source de la Foux a une retenue sensiblement analogue à celle de Vaucluse, les eaux sont bien retenues par une cuvette imperméable de néocomien, mais le barrage lui-même est formé par des marnes et argiles postérieures, qui empêchent les eaux de sortir plus bas, comme à Vaucluse les terrains lacustres et les marnes marines.

Les terrains rencontrés pour la percée de la galerie du Ragas ont donné lieu, en raison de l'argile, à d'assez grosses difficultés et l'on s'est arrêté avant d'avoir atteint l'intérieur de la cuvette même de la source.

On a avancé les travaux dans un terrain imbibé qui donne certainement plus d'eau au tunnel du Ragas que n'en avait la Foux, en raison de l'abaissement partiel du niveau de l'eau dans la cuvette, mais cette cuvette ne se vide qu'imparfaitement, et, d'après les procès-verbaux de réception de l'ouvrage du 13 mars 1880, l'étiage du Ragas serait de 1/3 seulement supérieur à celui de la Foux.

Nous donnons (planche XVI, fig. *c*) la coupe de la galerie exécutée au Ragas, à Toulon.

Le faible résultat obtenu tient à ce que le tunnel du Ragas a été arrêté quand les travaux exécutés dans des terrains argileux ont donné trop de difficultés et à ce que la galerie, au lieu de s'arrêter dans la nappe d'eau vive, a été arrêtée dans des terrains seulement fortement humectés.

INDICATION À EN TIRER.

On voit donc que, pour arriver à un résultat satisfaisant, il faudra éviter autant que possible de creuser la galerie dans un terrain argileux qui donnerait toujours lieu avec l'eau à de très grosses difficultés. Il faudra s'attaquer de préférence au rocher et aller jusqu'aux gros tuyaux qui amènent les eaux au gouffre afin d'en disposer à volonté.

FONCTIONNEMENT DE LA FONTAINE APRÈS L'EXÉCUTION DE LA GALERIE. — DÉBIT CONSTANT PENDANT L'ÉTÉ, POUVANT ULTÉRIEUREMENT ÊTRE RENDU UNIFORME PENDANT TOUTE L'ANNÉE.

La galerie une fois construite, les eaux, en été, pourraient s'écouler avec un débit que l'on réglerait d'après les pluies antérieures de l'année et le niveau s'abaisserait soit à la cote de 4 mètres au-dessous du zéro, soit à celle de 8 mètres, si l'on construisait, un jour, un siphon supplémentaire.

Les réservoirs inférieurs étant ainsi vidés à la fin de l'été, les pluies qui arrivent généralement en octobre les rempliraient de nouveau et, avant de déverser, devraient combler le vide formé l'été d'avant.

La durée des déversements sera donc diminuée, mais moins longtemps qu'on ne pourrait le craindre, attendu que lorsque la Fontaine déverse, elle donne par jour des débits énormes qui auront vite remplacé les 100 millions de mètres cubes pris en plus l'été d'avant.

Si l'on prend les courbes de débit de 1891 et des années analogues, on voit que la durée du déversement de la Fontaine, qui est de cinq mois en général, sera réduite à quatre.

L'eau, au lieu de noyer les moteurs des usines, coulerait avec un débit régulier, et il n'est pas dit que l'on n'arrive un jour à régulariser encore davantage ce débit et à lui donner une moyenne légèrement inférieure à celle de l'année, en se servant de siphons qui auraient pour effet de diminuer encore le déversement et d'uniformiser à peu près le débit.

Il n'y aurait plus alors comme déversement que la différence des volumes correspondant au débit moyen résultant des pluies et celui de 18 mètres cubes que l'on fixerait.

CHAPITRE VIII.

VIII

RÉSUMÉ ET CONCLUSIONS.

En résumé :

Si l'on considère les bassins de la Nesque et du Coulon (planche I), qui communiquent entre eux par la grande faille de Saint-Saturnin et Murs (planche V), on remarque que les deux rivières ne débitent que les 12,50 p. 100 des eaux pluviales qui tombent sur la surface des bassins, alors que la Durance, dont la branche principale et les affluents se développent sur des terrains analogues, débite les 70 p. 100 des eaux pluviales qui tombent sur son bassin, comme les pavés de Paris et les rivières à bassin imperméable.

Cette différence dans le débit relatif de la Durance et de la Nesque et du Coulon tient à ce que les eaux souterraines du bassin de la Durance sont relevées à l'aval dans le lit de la rivière, par les couches imperméables qui viennent affleurer à son fond à Bonpas.

Si, d'un autre côté, on considère le débit de la Fontaine de Vaucluse, on remarque qu'il est les 70 p. 100 du débit des eaux pluviales qui tombent sur les bassins de la Nesque et du Coulon, défalcation faite des 12,50 qui s'écoulent par ruissellement dans les lits des deux rivières.

Le débit de la Fontaine de Vaucluse est donc celui d'une rivière à bassin imperméable qui aurait comme surface les bassins orographiques réunis de la Nesque et du Coulon.

Les couches du néocomien marneux qui règnent sous l'urgonien des bassins de ces deux rivières (planche V) expliquent facilement la chose et font comprendre comment il se fait que toutes les sources qui alimentent la rivière de Vaucluse à son origine jaillissent de la rive droite (planche XVI).

Les eaux pluviales qui sont tombées à l'époque tertiaire et quaternaire sur l'urgonien fendillé rempli de failles, qui recouvre ces bassins, ont pénétré dans l'intérieur du sol, et, par la pression qu'elles ont atteinte à une certaine profondeur, se sont frayé un chemin, en suivant les lignes de moindre résistance formées par les intersections de surfaces orthogonales de clivage de la masse argilo-calcaire de la roche.

Le cheminement à angle droit des eaux dans la montagne est accusé par les coupes des avens et des goules explorés par MM. Martel et Gaupillat (planches VI, VII, VIII).

Les conduites se sont agrandies peu à peu sous l'effort des eaux s'écoulant en pression et il s'est formé des avens et des conduites de fortes dimensions. Les avens dans le fond des vallées ont été bouchés par les couches géologiques postérieures, il en reste encore un assez grand nombre sur les sommets et les pentes du Ventoux et des monts de Vaucluse.

Cette canalisation, qui s'étend dans tous les vallons des deux vallées de la Nesque et du Coulon, qui se rejoignent par les grandes failles de Saint-Saturnin et Murs, a été soumise, à l'époque diluvienne, à des charges énormes qui ont déterminé dans son intérieur, par la différence de niveau des avens du Ventoux et de la plaine, de puissants lavages qui ont amené à la surface du sol de l'arrondissement d'Apt les ocres ferrugineuses, les soufres et les gypses, qui sont d'une époque antérieure (néocomien moyen).

Les enlèvements de ces matières ont déterminé dans la canalisation d'énormes renflements et lui ont donné la forme d'une conduite-réservoir capable de renfermer de grandes quantités d'eau. (Voir le schéma définitif, planche IV.)

L'écoulement par les vases communiquants qui ont servi aux expériences prouve que les cloisonnements ont pour effet de ralentir le débit et de le rendre rapidement à peu près constant et insensible au remplissage d'un compartiment à l'amont ou intermédiaire (planches IX, X, XI).

L'oscillation du débit par les vases communiquants explique l'oscillation journalière du débit de la Fontaine constatée en basses eaux.

Les réservoirs intérieurs de la Fontaine communiquent entre eux, soit par des fissures, soit par des tuyaux-siphons analogues à la conduite maîtresse elle-même qui aboutit au gouffre de la Fontaine.

La courbe des volumes débités par la Fontaine en temps de sécheresse pour des abaissements successifs de 1 mètre dans son gouffre (planche XIV, fig. *c*), comparée à la même courbe (planches XI et XII), soit dans des réservoirs de niveau, soit dans des réservoirs échelonnés, prouve que les derniers réservoirs à l'aval qui alimentent la Fontaine sont des réservoirs de niveau.

La courbe des volumes débités par la Fontaine pour des abaissements successifs, comparée avec celle obtenue pour un, deux, trois ou quatre réservoirs de niveau (planche XII), prouve que l'influence des cloisonnements des réservoirs de la Fontaine (planche XIV) ne commence à se faire sentir que lorsque le niveau est descendu vers 5 mètres au-dessus du zéro, et la convexité de cette courbe au-dessus du zéro prouve qu'à ce niveau on est encore assez loin d'atteindre le fond des derniers réservoirs à l'aval (planches XII et XIV).

Si l'on applique à la courbe des volumes débités par la Fontaine (planche XIV, fig. *c*) les résultats de l'expérience (planche XIV, fig. *b*, *d*, *e*), on voit qu'en abaissant le niveau du dernier réservoir de la Fontaine en communication avec le gouffre, de 4 mètres au-dessous du zéro, on obtiendra 50 millions de mètres cubes, plus l'eau qui se serait écoulée encore pour faire baisser la dernière nappe du gouffre de la cote zéro à la cote — 2 correspondant aux sources basses.

Ce second volume étant certainement considérable en raison de l'allure de la courbe des débits de la Fontaine aux environs du zéro, il en résulte que l'on est d'ores et déjà assuré, en abaissant les eaux dans le dernier réservoir à 4 mètres au-dessous du zéro, de trouver de 80 à 100 millions de mètres cubes d'eau, qui forment le manquant au débit continu de 18 mètres cubes par seconde pendant l'été des années ordinaires (tableau n° 14).

Une galerie de 500 mètres de longueur et de 20 mètres carrés de section (pl. XVII) munie de vannes et rendue étanche dans toutes ses parties permettrait d'atteindre ce but et présenterait en outre l'avantage, en temps de pluies extraordinaires, d'augmenter les orifices de sûreté du système et de faire travailler moins longtemps sous forte pression le mécanisme intérieur de la Fontaine, sujet à se détériorer.

Cette galerie de 500 mètres ne paraît pas devoir coûter plus de 600,000 francs si l'on peut trouver sur la rive gauche de la rivière de Vaucluse un terrain franchement rocheux qui ne soit pas envahi par les eaux, comme on peut l'espérer en raison de l'absence complète de sources sur cette rive.

En admettant une subvention de l'État de 1/3, il en résulterait pour les 5,000 chevaux et les 2,000 hectares arrosés une dépense annuelle, pendant 10 ans, de 9 à 10 francs environ, y compris les 2 francs pour dommages, qui serait diminuée de la subvention que pourrait accorder le département, au besoin, et la ville d'Avignon qui est plus ou moins intéressée à l'entreprise.

Des sondages sérieux permettront seuls de décider, quand le moment sera venu, ce qu'il pourra y avoir lieu d'entreprendre.

L'étude que nous avons faite sur l'écoulement par les vases communiquants et la possibilité de partager la charge initiale entre plusieurs compartiments pourra un jour être susceptible d'application, soit pour la fermeture des réservoirs à l'aide de plusieurs vannes, soit pour l'écoulement des tuyaux de vidange sous forte charge, soit enfin pour distribuer des eaux intermittentes d'une façon continue et sensiblement uniforme.

Le mécanisme merveilleux créé par la Nature qui a su éventer les conduits en charge, conserver dans des réservoirs les eaux de printemps destinées à l'été, cloisonner ces réservoirs pour prolonger et distribuer d'une façon continue et sensiblement uniforme le débit intermittent des pluies, puis barrer les eaux à l'aval pour les faire converger au point voulu, peut être proposé comme modèle en vue d'aménager les eaux des rivières dont le débit d'étiage aurait besoin d'être augmenté.

C'est ainsi, par exemple, que pour la Durance il y aurait lieu de créer à l'amont de son cours ou sur son parcours ou celui de ses affluents, en des points favorables, des réservoirs capables d'emmagasiner, à l'époque des pluies de printemps, un volume suffisant pour donner ensuite pendant le mois de plus faible étiage un volume minimum de 25 à 30 mètres cubes par seconde; de cloisonner ces réservoirs pour arriver à donner facilement à cette eau emmagasinée un débit constant; enfin de barrer au droit des prises les eaux souterraines de la Durance par de petits barrages souterrains en écharpe, destinés à faire converger vers ces prises les eaux qui se perdent actuellement dans le gravier; de faire, en somme, guidé par l'exemple, ce qu'a fait Montricher, dont la haute sagacité avait déjà su entrevoir une partie de la question, lorsqu'il a établi un barrage souterrain à la prise du canal de Marseille, pour faciliter son alimentation.

Nous nous réservons, du reste, de développer les applications de ces considérations dans un travail ultérieur, qui aura pour objet de donner une fixité de 20 à 25 mètres cubes au débit d'étiage de la Durance au viaduc de Barbentane et les conséquences qui en résultent au point de vue de l'irrigation et de la création de forces motrices, qui auront pour premier effet de rendre inutile l'application de l'article 3 du projet de réglementation des prises d'eau de la Durance à l'aval du pont de Mirabeau, qui vient d'être soumis aux enquêtes et dont l'application serait bien dure pour les derniers concessionnaires.

La régularisation du débit des sources et des cours d'eau torrentiels doit attirer l'attention des pouvoirs publics en raison de l'intérêt qu'elle présente pour l'agriculture, la navigation et l'industrie.

L'agriculture et la navigation bénéficieraient d'un volume d'eau supplémentaire au moment de l'étiage, et la continuité d'un certain débit permettrait de créer des forces motrices considérables.

Les expériences de Lauffen Francfort, de 1892, ayant démontré que l'on peut, à l'aide de machines triphasées, transporter la force à 175 kilomètres avec un rendement supérieur à 60 p. 100, sont un encouragement puissant, et il y a lieu de songer sérieusement à utiliser les forces énormes dont nous pouvons disposer, afin de diminuer le tribut de 200 millions que notre pays paye tous les ans à l'étranger pour ses charbons et aussi afin de lui conserver le rang qui lui convient dans le champ de l'activité humaine.

Nous remercions personnellement MM. les Membres des Syndicats du Canal de Vaucluse et de la Sorgue de Velleron, et particulièrement MM. Ernest Verdet et Corbon, leurs présidents, de nous avoir facilité la présentation de notre travail.

Nous désirons qu'il puisse un jour leur être utile.

Avignon, le 25 novembre 1893.

L'Ingénieur en chef de Vaucluse,

L. Dyrion.

TABLEAUX

TABLEAU N° 1.

CONCORDANCE ENTRE LES HAUTEURS SUR LE DÉVERSOIR DES ESPÉLUGUES, CELLES CONSTATÉES AU SORGUOMÈTRE DE LA FONTAINE ET LE DÉBIT DE LA FONTAINE.

HAUTEURS D'EAU aux Espélugues.	COTES au SORGUOMÈTRE de Vaucluse.	DÉBITS CORRESPONDANTS.	OBSERVATIONS.	HAUTEURS D'EAU aux Espélugues.	COTES au SORGUOMÈTRE de Vaucluse.	DÉBITS CORRESPONDANTS.	OBSERVATIONS.
		mèt. cubes.				mèt. cubes.	
//	— 0,14	4,500	Étiage de janvier 1885.	0,220	12,45	15,05	
0,115	//	4,541	Étiage du 16 déc. 1884.	0,230	13,50	16,20	
//	— 0,10	5,000	Étiage du 17 nov. 1884.	0,240	15,40	17,40	
0,122	0	//	Étiage du 16 nov. 1869.	0,250	16,10	18,60	
0,130	0,56	6,130	Étiage du 22 mars 1878.	0,260	17,00	19,80	
0,140	1,15 à 1,25	7,000		0,270	18,30	21,00	
0,143	1,4 à 1,50	//		0,280	21,07	22,30	A cette cote la Fontaine déverse.
0,145	1,7 à 1,75	//		0,290	21,50	23,60	
0,150	2,10	7,900		0,300	22,00	24,90	
0,155	2,40	//		0,350	22,45	31,90	
0,160	2,60	8,800		0,400	22,80	39,40	
0,162	3,10	9,000		0,450	23,00	43,55	
0,165	3,50	//		0,500	23,15	48,20	
0,168	3,80	//		0,550	23,30	53,25	
0,170	4,00	9,800		0,610	23,40	59,90	Les eaux atteignent le pied du figuier.
0,175	4,50	//		0,650	23,44	64,70	
0,178	5,00	//		0,700	23,48	71,00	
0,180	5,50	10,800		0,750	23,52	77,70	
0,188	6,30	//		0,800	23,56	84,75	
0,190	6,70	11,800		0,850	23,60	92,20	
0,194	7,40	//		0,900	23,65	99,90	
0,195	7,60	//		0,950	23,70	108,05	
0,200	7,80	12,850		1,000	23,75	116,50	
0,210	9,50	13,900		1,030	23,80	121,71	Crue du 31 octobre 1892.
				1,200	24,00	134,50	

TABLEAU N° 2.

CONCORDANCE ENTRE LE DÉBIT DES SOURCES DU PIED DU BARRAGE DE LA FONTAINE ET LA HAUTEUR DES EAUX DANS LE GOUFFRE.

DATES des OBSERVATIONS.	OBSERVATIONS AU SORGUOMÈTRE.			NIVEAU de la SOURCE.	CHARGE. (Col. 4 — col. 5.)	DÉBIT.	VALEUR de $m\omega\sqrt{2g} = \frac{d}{\sqrt{h}}$.
	NIVEAU du zéro de l'échelle.	COTE lue.	NIVEAU de l'eau. (Col. 2 + col. 3.)				
1	2	3	4	5	6	7	8
						mèt. cubes.	
6 juillet 1893.....	84,45	8,50	92,95	81,50	11,45	8,20	2,40
20 juillet 1893....	84,45	5,00	89,45	81,50	7,95	6,12	2,20
15 août 1893.....	84,45	2,44	86,49	81,50	5,39	5,10	2,20
23 août 1893.....	84,45	1,88	86,33	81,50	4,83	4,89	2,20

TABLEAU N° 3.

QUANTITÉ DE PLUIE TOMBÉE PENDANT L'EXPÉRIENCE DU 22 AU 28 MARS 1878.

PÉRIODES.	NOMBRE DE MILLIMÈTRES DE PLUIE TOMBÉE AUX STATION DE						TOTAUX.	MOYENNES.	VOLUME DE PLUIE tombée.
	Sault.	Saint-Christol.	Lagarde.	Apt.	Murs.	Banon.			mètres cubes.
22 mars.....	"	"	"	"	"	"	"	"	"
23.........	4	1	2	2	7	"	16	2,67	3,871,500
24.........	5	2	2	"	"	"	9	1,50	2,175,000
25.........	7	1	3	1	"	"	12	2,00	2,900,000
26.........	1	1	"	"	(:)	"	2	0,33	478,500
27.........	"	"	2	"	"	"	2	0,33	478,500
28.........	1	2	"	1	"	10	14	2,33	3,378,500
TOTAUX....	18	7	9	4	7	10	55	9,16	13,282,000

TABLEAU N° 4.

COMPARAISON DU DÉBIT DE LA FONTAINE AU DÉBIT DES PLUIES EN 1891.
(PLUIE TOMBÉE : 60 MILLIMÈTRES À SAINT-CHRISTOL.)

MOIS	PLUIE TOMBÉE AUX STATIONS DE						TOTAUX.	MOYENNES.	PLUIE TOTALE.	HAUTEUR MOYENNE AUX ESPÉLUGUES.	DÉBIT PAR SECONDE.	DÉBIT PAR MOIS.
	Sault.	Saint-Christol.	Lagarde.	Apt.	Murs.	Banon.			mètres cubes.		m. c.	mètres cubes.
Période du 1er octobre 1890 au 31 août 1891.												
Octobre 1890.	21	19	41	21	25	27	154	26	37,700,000	0,185	11	29,462,400
Novembre. . .	31	16	23	25	57	39	191	32	46,400,000	0,173	10	25,920,000
Décembre. . . .	44	82	68	27	25	55	301	50	72,500,000	0,170	10	26,784,000
Janvier 1891.	24	59	108	34	34	30	289	48	69,600,000	0,155	8	21,427,200
Février.	6	4	0	9	3	8	30	5	7,250,000	0,160	9	21,772,800
Mars.	108	113	45	47	53	136	502	84	121,800,000	0,270	21	56,246,400
Avril.	29	22	39	25	31	37	183	30	43,500,000	0,270	21	54,432,000
Mai.	105	121	100	36	136	131	629	105	152,250,000	0,330	29	77,673,600
Juin.	61	162	53	31	72	78	457	76	110,200,000	0,320	27	69,984,000
Juillet.	19	9	17	9	10	24	88	15	21,750,000	0,220	15	40,176,000
Août.	34	36	34	24	5	40	173	29	42,050,000	0,180	11	29,462,400
TOTAUX.							2,997	500	725,000,000	TOTAL. . .		453,340,800
À DÉDUIRE 12,50 p. 100.							. . . . .	. . .	90,625,000			
RESTE.							. . . . .	. . .	634,375,000			

Le rapport du volume débité est donc $\frac{453,340,800}{634,375,000}$ = 70 p. 100 du volume des pluies.

TABL

DÉBITS PAR MINUTE ET VOLUMES DÉBITÉS POUR DES ABAISSEMENTS DE 0 M. 01 DANS LE PR

ET COMPARAISON DU DÉBIT POUR LA CA

CAISSE À UN SEUL COMPARTIMENT.			
Minutes.	Hauteur d'eau dans le compartiment.	Débit pendant une minute.	Volume débité pour un abaissement de 0,01.
0	20,00		
		6,50	1
1	13,50		
		5,00	1
2	8,50		
		4,00	1
3	4,50		
		2,25	1
4	2,25		
		1,25	1
5	1,00		
		0,25	1
6	0,75		

CAISSE À DEUX COMPARTIMENTS.						
Minutes.	Hauteur d'eau dans le 2e compartiment.	Hauteur d'eau dans le 1er compartiment.	TOTAL.	Débit pendant une minute.	Abaissement dans le 1er compartiment.	Volume débité pour un abaissement de 0,01.
0	20,00	20,00	40,00			
				6,25	4,25	1,40
1	18,00	15,75	33,75			
				6,00	3,25	1,80
2	15,25	12,50	27,75			
				5,00	2,50	2,00
3	12,75	10,00	22,75			
				4,75	2,00	2,40
4	10,00	8,00	18,00			
				3,00	1,50	2,00
5	8,50	6,50	15,00			
				4,50	1,75	2,50
6	5,75	4,75	10,50			
				2,75	1,25	2,20
7	4,25	3,50	7,75			
				2,25	1,00	2,25
8	3,00	2,50	5,50			
				1,75	0,75	2,30
9	2,00	1,75	3,75			
				1,25	0,50	2,50
10	1,25	1,25	2,50			
				0,75	0,25	2,80
11	0,75	1,00	1,75			
				0,50	0,25	2,00
12	0,50	0,75	1,25			

CAISSE À			
Minutes.	Hauteur d'eau dans le 3e compartiment.	Hauteur d'eau dans le 2e compartiment.	Hauteur d'eau dans le 1er compartiment.
0	20,00	20,00	20,00
1	19,00	18,75	15,75
2	17,50	17,00	13,00
3	16,00	15,25	11,00
4	14,00	13,50	9,50
5	12,50	11,75	8,25
6	10,75	10,00	7,25
7	9,25	8,50	6,25
8	8,00	7,50	5,25
9	6,50	6,25	4,50
10	5,50	5,00	3,75
11	4,25	4,25	3,25
12	3,50	3,50	2,75
13	2,75	2,75	2,25
14	2,00	2,00	1,75
15	1,75	1,75	1,50
16	1,25	1,25	1,25
17	0,50	1,00	1,00
18	0,50	0,75	0,75
19	0,25	0,75	0,75

VOIR AVAL D'UN SYSTÈME DE NOMBRE VARIABLE DE VASES COMMUNIQUANTS DE NIVEAU
E COMPARTIMENTS, AVEC LES QUATRE CLOISONS ENLEVÉES.

RTIMENTS.

Abaissement du 1er compartiment.	Volume débité pour un abaissement de 0,01.
4,25	1,50
2,75	2,18
2,00	2,63
1,50	3,50
1,25	3,60
1,00	4,50
1,00	4,00
1,00	3,25
0,75	4,60
0,75	4,00
0,50	5,00
0,50	4,00
0,50	4,00
0,50	4,00
0,25	3,00
0,25	5,00
0,25	6,00
0,25	2,00

CAISSE À QUATRE COMPARTIMENTS.

Minutes.	Hauteur d'eau dans le 4e compartiment.	Hauteur d'eau dans le 3e compartiment.	Hauteur d'eau dans le 2e compartiment.	Hauteur d'eau dans le 1er compartiment.	TOTAL.	Débit pendant une minute.	Abaissement du 1er compartiment.	Volume débité pour un abaissement de 0,01.
0	20,00	20,00	20,00	20,00	80,00	6,00	4,00	1,50
1	19,50	19,50	19,00	16,00	74,00	5,75	2,50	2,30
2	18,75	17,50	17,50	13,50	68,25	6,25	2,00	3,12
3	17,50	17,00	16,00	11,50	62,00	5,50	1,50	3,66
4	16,25	15,75	14,50	10,00	56,50	5,00	1,00	5,00
5	15,00	14,50	13,00	9,00	51,50	4,25	1,00	4,25
6	13,75	13,50	12,00	8,00	47,25	4,50	0,75	6,00
7	12,50	12,00	11,00	7,25	42,75	3,75	0,50	7,50
8	11,50	11,00	9,75	6,75	39,00	4,00	0,75	5,30
9	10,25	10,00	8,75	6,00	35,00	3,25	0,50	6,50
10	9,25	9,00	8,00	5,50	31,75	4,00	0,50	8,00
11	8,00	7,75	7,00	5,00	27,75	3,00	0,75	4,00
12	7,25	7,00	6,25	4,25	24,75	3,00	0,25	12,00
13	6,25	6,00	5,50	4,00	21,75	3,00	0,50	6,00
14	5,25	5,25	4,75	3,50	18,75	2,75	0,50	5,50
15	4,50	4,50	4,00	3,00	16,00	1,75	0,25	7,00
16	4,00	4,00	3,50	2,75	14,25	2,25	0,25	9,00
17	3,25	3,25	3,00	2,50	12,00	1,75	0,25	7,00
18	2,75	2,75	2,50	2,25	10,25	1,50	0,50	3,00
19	2,50	2,50	2,00	1,75	8,75	2,00	0,25	8,00
20	1,75	1,75	1,75	1,50	6,75	1,75	0,25	7,00
21	1,25	1,25	1,25	1,25	5,00	1,00	0,25	4,00
22	1,00	1,00	1,00	1,00	4,00	1,00		
23	0,50	0,75	0,75	1,00	3,00	1,00		
24	0,25	0,50	0,50	0,75	2,00	0,65		
25	0,10	0,25	0,50	0,50	1,35			

CAISSE À QUATRE CLOISONS ENLEVÉES.

Minutes.	Hauteur d'eau dans le compartiment.	Débit pendant une minute.
0	20,00	6,00
1	18,50	8,00
2	16,50	6,00
3	15,00	6,00
4	13,50	6,00
5	12,00	6,00
6	10,50	4,00
7	9,50	4,00
8	8,50	4,00
9	7,50	4,00
10	6,50	4,00
11	5,50	4,00
12	4,50	3,00
13	3,75	3,00
14	3,00	2,00
15	2,50	2,00
16	2,00	2,00
17	1,50	2,00
18	1,00	1,00
19	0,75	1,00
20	0,50	

TABLEAU N° 6.

DÉBITS PAR MINUTE ET VOLUMES DÉBITÉS POUR DES ABAISSEMENTS DE 0 M. 01 DANS LE PREMIER RÉSERVOIR AVAL D'UN SYSTÈME DE VASES COMMUNIQUANTS ÉCHELONNÉS (CAISSE À QUATRE COMPARTIMENTS ÉCHELONNÉS).

MINUTES.	HAUTEUR D'EAU dans le 4ᵉ compartiment.	HAUTEUR D'EAU dans le 3ᵉ compartiment.	HAUTEUR D'EAU dans le 2ᵉ compartiment.	HAUTEUR D'EAU dans le 1ᵉʳ compartiment.	TOTAL.	DÉBIT PENDANT une minute.	ABAISSEMENT du 1ᵉʳ compartiment.	VOLUME DÉBITÉ pour un abaissement de 0,01.
0	20,00	20,00	20,00	20,00	80,00			
						11,00		
1	14,00	16,00	19,50	19,50	69,00			
						8,75	1,00	27,00
2	10,00	12,50	18,50	19,25	60,25			
						7,25		
3	8,00	9,00	17,00	19,00	53,00			
						7,75	0,50	15,50
4	6,00	6,25	14,50	18,50	45,25			
						10,00	1,25	8,00
5	3,00	4,00	11,00	17,25	35,25			
						7,75		
6	2,00	2,50	7,50	15,50	27,50			
						5,75	2,00	2,85
7	1,25	1,00	6,00	13,50	21,75			
						6,00		
8	1,00	0,75	3,00	11,00	15,75			
						6,75	4,00	1,69
9		0,50	1,50	7,00	9,00			
						4,00		
10		0,50	1,00	3,50	5,00			
						2,75	1,75	1,50
11			0,50	1,75	2,25			
						1,25		
12				1,00	1,00			

TABLE…

a. INFLUENCE DES CLOISONNEMENTS ET DE L…

b. DÉBITS PENDANT UNE MI…

CAISSE A TROIS COMPARTIMENTS

Trois trous dans chaque cloison.

Minutes.	Hauteur d'eau dans le 3e compartiment.	Hauteur d'eau dans le 2e compartiment.	Hauteur d'eau dans le 1er compartiment.	Total.	Débit pendant une minute.
0	35,00	35,00	35,00	105,00	
1	32,75	32,00	29,00	93,75	11,25
2	30,00	29,00	26,25	85,25	8,50
3	27,00	26,50	24,00	77,50	7,75
4	24,75	24,00	21,75	70,50	7,00
5	22,00	21,00	20,00	63,00	7,50
6	19,75	19,00	17,50	56,25	6,75
7	17,75	17,00	14,00	48,75	7,50
8	15,00	14,25	11,50	40,75	8,00
9	13,00	12,00	9,50	34,50	6,25
10	10,00	9,50	7,50	27,00	7,50
11	8,00	7,50	5,75	21,25	5,75
12	6,00	5,75	4,50	16,25	5,00
13	4,50	4,25	3,00	11,75	4,50

Deux trous dans chaque cloison.

Minutes.	Hauteur d'eau dans le 3e compartiment.	Hauteur d'eau dans le 2e compartiment.	Hauteur d'eau dans le 1er compartiment.	Total.	Débit pendant une minute.
0	35,00	35,00	35,00	105,00	
1	33,50	32,50	27,50	93,50	11,50
2	31,00	29,00	22,50	82,50	11,00
3	28,00	26,00	19,00	73,00	9,50
4	25,50	23,25	16,00	64,75	8,25
5	22,50	20,00	12,50	55,00	9,75
6	19,00	17,00	10,00	46,00	9,00
7	16,00	14,00	8,00	38,00	8,00
8	14,00	11,50	6,25	31,75	6,25
9	11,25	9,50	5,00	25,75	6,00
10	8,50	7,50	4,00	20,00	5,75
11	6,50	5,50	3,00	15,00	5,00
12	5,00	4,00	2,75	11,75	3,25
13	3,50	3,50	3,25	10,25	1,50
14	3,00	3,00	3,00	9,00	1,25
15	2,75	2,75	2,75	8,25	0,75
16	2,50	2,50	2,50	7,50	0,75
17	2,25	2,25	2,25	6,75	0,75

7.

CES DE COMMUNICATION SUR LES DÉBITS.

:HAQUE CLOISON DE SÉPARATION.

le 3e compartiment.	Hauteur d'eau dans le 2e compartiment.	Hauteur d'eau dans le 1er compartiment.	Total.	Débit pendant une minute.	DÉBIT PAR LE DEUXIÈME ORIFICE. 1 seul trou dans chaque cloison. Minutes.	Hauteur d'eau dans le 3e compartiment.	Hauteur d'eau dans le 2e compartiment.	Total.	Débit pendant une minute.	DÉBIT PAR LE TROISIÈME ORIFICE AVAL. 1 seul trou dans chaque cloison. Minutes.	Hauteur d'eau dans le 3e compartiment.	Débit pendant une minute.
Un trou dans chaque cloison.												
00	35,00	35,00	105,00	12,00	0	35,00	35,00	70,00	2,50	0	35,00	0,50
50	33,00	25,50	93,00	11,00	1	34,50	33,00	67,50	3,50	1	34,50	1,50
00	31,00	18,00	82,00	10,00	2	33,00	31,00	64,00	4,50	2	33,00	1,50
50	28,00	12,50	72,00	7,50	3	31,50	28,00	59,50	4,00	3	31,50	1,50
00	25,50	9,00	64,50	7,25	4	30,00	25,50	55,50	4,50	4	30,00	2,00
00	23,00	6,25	57,25	6,25	5	28,00	23,00	51,00	4,50	5	28,00	2,00
,00	20,50	4,50	51,00	6,00	6	26,00	20,50	46,50	5,00	6	26,00	2,50
,50	18,00	3,50	45,00	5,25	7	23,50	18,00	41,50	4,50	7	23,50	2,50
,00	16,00	2,75	39,75	3,25	8	21,00	16,00	37,00	3,50	8	21,00	2,00
,00	14,50	3,00	36,50	3,50	9	19,00	14,50	33,50	3,00	9	19,00	1,50
,50	13,00	2,50	33,00	2,00	10	17,50	13,00	30,50	2,50	10	17,50	1,00
,50	11,50	3,00	31,00	4,25	11	16,50	11,50	28,00	4,00	11	16,50	2,50
,00	10,00	2,75	26,75	2,25	12	14,00	10,00	24,00	3,00	12	14,00	2,00
,00	9,00	3,50	24,50	3,75	13	12,00	9,00	21,00	2,75	13	12,00	1,75
,25	8,00	2,50	20,75	1,25	14	10,25	8,00	18,25	2,25	14	10,25	1,25
,00	7,00	3,50	19,50	2,25	15	9,00	7,00	16,00	2,00	15	9,00	1,00
,00	6,00	3,25	17,25	2,25	16	8,00	6,00	14,00	2,00	16	8,00	1,50
,50	5,50	3,00	15,00	1,00	17	6,50	5,50	12,00	1,00	17	6,50	0,50
,00	5,00	3,00	14,00	2,00	18	6,00	5,00	11,00	2,00	18	6,00	1,00
,00	4,00	3,00	12,00	1,00	19	5,00	4,00	9,00	1,00	19	5,00	0,75
,25	3,75	3,00	11,00	1,00	20	4,25	3,75	8,00	1,00	20	4,25	0,75
3,50	3,50	3,00	10,00	1,25	21	3,50	3,50	7,00	1,00	21	3,50	0,50
3,00	3,00	2,75	8,75	0,75	22	3,00	3,00	6,00	0,50	22	3,00	0,25
2,75	2,75	2,50	8,00	0,50	23	2,75	2,75	5,50	0,50	23	2,75	0,25
2,50	2,50	2,50	7,50		24	2,50	2,50	5,00		24	2,50	

TABLEAU N° 8.

CAISSE À CINQ COMPARTIMENTS DE NIVEAU. — ÉCOULEMENT PAR DEUX ORIFICES SUPERPOSÉS.

MINUTES.	HAUTEUR D'EAU dans le 5e compartiment.	HAUTEUR D'EAU dans le 4e compartiment.	HAUTEUR D'EAU dans le 3e compartiment.	HAUTEUR D'EAU dans le 2e compartiment.	HAUTEUR D'EAU dans le 1er compartiment.	TOTAL.	DÉBIT PENDANT une minute.	ABAISSEMENT du 1er COMPARTIMENT.	VOLUME DÉBITÉ pour un abaissement de 0,01.
0	48,00	48,00	48,00	48,00	48,00	240,00			
1	44,00	41,00	41,00	41,00	41,00	208,00	32,00	7,00	4,50
2	41,25	39,75	36,25	35,25	30,00	182,50	25,50		
3	39,00	38,25	35,75	32,75	18,50	164,25	18,25		
4	37,75	37,00	34,75	29,25	14,00	152,75	11,50		
5	36,00	35,25	32,75	26,75	11,50	142,25	10,50	7,00	3,10
6	33,25	33,50	31,00	24,25	9,25	131,25	11,00		
7	32,50	31,75	29,25	22,25	8,00	123,75	7,50		
8	31,00	30,00	27,25	20,25	7,00	115,50	8,25	1,00	8,25
9	29,00	28,25	25,50	18,50	6,25	107,50	8,00		
10	27,25	26,50	24,00	17,25	5,75	100,75	6,75		
11	25,75	24,75	22,25	16,00	5,25	94,00	6,75	0,50	13,50
12	24,00	23,00	20,50	14,75	4,75	87,00	7,00		
13	22,25	21,50	19,25	13,75	4,50	81,25	5,75	0,25	23,00
14	20,50	19,75	17,75	12,50	4,00	74,50	6,75		
15	19,00	18,25	16,25	11,50	3,75	68,75	5,75		
16	17,50	16,75	15,25	10,75	3,50	63,75	5,00		
17	16,00	15,50	14,00	10,00	3,25	58,75	5,00	1,00	21,25
18	14,50	14,00	12,75	9,00	3,00	53,25	5,50		
19	13,25	12,75	11,75	8,25	2,75	48,75	4,50		
20	12,00	11,50	10,50	7,50	2,50	44,00	4,75	0,25	19,00
21	10,75	10,50	9,50	7,25	3,75	41,75	2,25		
22	9,50	9,25	8,50	6,25	2,50	36,00	5,75		
23	8,50	8,25	8,00	6,25	3,00	34,00	2,00	0,50	4,00
24	7,50	7,50	7,25	5,75	3,00	31,00	3,00		
25	6,75	6,75	6,50	5,25	2,50	27,75	3,25		
26	6,00	6,00	6,00	5,00	3,25	26,25	1,50		
27	5,25	5,25	5,25	4,75	3,25	23,75	2,50		
28	4,75	4,75	4,75	4,25	3,25	21,75	2,00		

TAB

CAISSE À CINQ COMPARTIMENTS DE NIVEAU. — a. ÉCOULEMENT PAR

MINUTES.	HAUTEUR D'EAU dans le 5e compartiment.	HAUTEUR D'EAU dans le 4e compartiment.	HAUTEUR D'EAU dans le 3e compartiment.	HAUTEUR D'EAU dans le 2e compartiment.	HAUTEUR D'EAU dans le 1er compartiment.	TOTAL.	DÉBIT PENDANT une minute.	ABAISSEMENT du 1er COMPARTIMENT.
0	48,00	48,00	48,00	48,00	48,00	240,00	8,50	1,75
1	46,50	46.25	46,25	46,25	46,25	231,50	10,75	2,25
2	44,75	44,00	44,00	44,00	44,00	220,75	8,75	1,75
3	43,00	42,25	42,25	42,25	42,25	212,00	8,50	2,00
4	41,50	41,25	40,25	40,25	40,25	203,50	9,00	2,00
5	40,00	39,75	38,25	38,25	38,25	194,50	8,00	1,75
6	38,75	38,25	36,50	36,50	36,50	186,50	7,50	4,00
7	37,50	37,25	36,50	35,25	32,50	179.00	6,75	2,50
8	36,50	36,25	35,50	34,00	30,00	172,25	5,75	1,75
9	35,75	35,50	34,50	32,50	28,25	166,50	5,25	1,25
10	34,75	34,50	33,50	31,50	27,00	161,25	5,75	1,00
11	33,50	33,25	32,50	30,25	26,00	155,50	4,75	0,75
12	32,50	32,25	31,50	29,25	25,25	150,75	4,00	0,75
13	31,75	31,50	30,50	28,50	24,50	146,75	5,50	0,50
14	30,75	29,50	29,50	27,50	24,00	141,25	4,00	0,50
15	29,50	29,25	28,50	26,50	23,50	137,25	3,25	0,50
16	28,75	28,50	27,75	26,00	23,00	134,00	4,50	0,50
17	27,50	27,25	27,00	25,25	22,50	129,50	3,75	0,50
18	26,75	26,50	26,00	24,50	22,00	125,75	3,00	0,50
19	26,00	25,75	25,50	24,00	21,50	122,75	3,25	0,25
20	25,25	25,00	24,50	23,50	21,25	119,50	3,50	0,25
21	24,50	24,25	23,50	22,75	21,00	116,00	3,00	0,25
22	23,75	23,50	23,25	22,00	20,50	113,00		

).

UT. — **b.** ÉCOULEMENT PAR L'ORIFICE DU BAS OUVERT À LA 22e MINUTE.

'ES.	HAUTEUR D'EAU dans le 5e compartiment.	HAUTEUR D'EAU dans le 4e compartiment.	HAUTEUR D'EAU dans le 3e compartiment.	HAUTEUR D'EAU dans le 2e compartiment.	HAUTEUR D'EAU dans le 1er compartiment.	TOTAL.	DÉBIT PENDANT une minute.	ABAISSEMENT du 1er COMPARTIMENT.	VOLUME DÉBITÉ pour un abaissement de 0 m. 01.
	23,75	23,50	23,25	22,00	20,50	113,00			
	23,00	22,75	22,75	20,50	13,50	102,50	10,50	7,00	1,50
	22,00	21,75	21,25	18,50	9,75	93,25	9,25	3,75	2,50
	20,75	20,50	20,00	16,50	7,50	85,25	8,00	2,25	3,50
	19,75	19,25	18,50	14,50	6,25	78,25	7,00	1,25	5,60
	18,25	17,75	17,00	13,25	5,25	71,50	6,75	1,00	6,75
	17,00	16,25	16,00	12,00	4,50	65,75	5,75	0,75	7,70
	15,50	15,00	14,50	10,75	4,00	59,75	6,00	0,50	12,00
	14,25	13,75	13,50	10,00	3,75	55,25	4,50	0,25	18,00
	13,00	12,50	12,00	9,00	3,25	49,75	5,50	0,50	11,00
	11,75	11,25	11,00	8,00	2,75	44,75	5,00	0,50	10,00
	10,75	10,00	10,00	6,25	2,50	39,50	5,25	0,25	21,00
	9,50	9,00	9,00	6,50	2,25	36,25	3,25	0,25	13,00
	8,25	8,00	8,00	6,00	3,25	33,50	2,75		
	7,00	6,75	7,50	6,00	3,75	31,00	2,50		
	6,25	6,00	7,00	5,75	3,75	28,75	2,25		
	5,50	5,25	6,25	5,50	3,50	26,00	2,75	0,25	11,00
	5,00	5,00	6,00	5,00	3,50	24,50	1,50		
	4,25	4,25	5,50	4,50	3,50	22,00	2,50		
	3,75	3,75	5,00	4,25	3,25	20,00	2,00	0,25	8,00
	3,25	3,25	4,50	4,00	3,25	18,25	1,75		
	2,75	2,75	4,00	3,75	3,00	16,25	2,00	0,25	8,00
	2,50	2,50	3,50	3,50	2,75	14,75	1,50	0,25	6,00
	2,25	2,25	3,50	3,50	2,75	14,25	0,50		
	2,00	2,00	3,25	3,25	2,75	13,25	1,00		
	1,75	1,75	3,00	3,00	2,50	12,00	1,25	0,25	5,00

TABLEAU N° 10.

VÉRIFICATION DE LA RAPIDE PROPAGATION DES CRUES EN HAUTES EAUX ET EN BASSES EAUX.

QUANTIÈMES.	DÉBIT DE LA FONTAINE par SECONDE.	DÉBIT DE LA FONTAINE TOTAL.	HAUTEUR MOYENNE des pluies.	VOLUME TOTAL des pluies.	OBSERVATIONS.
Du 23 octobre au 5 novembre 1886.					
23 octobre	56,40	4,872,960	0,30	435,000	
24	52,20	4,510,080	2,50	3,625,000	
25	45,30	3,913,920	27,00	39,150,000	
26	109,72	9,479,808	64,00	92,800,000	Deux jours de montée. -- Le débit de la Fontaine a augmenté de 120 litres pour 250 millions de mètres cubes de pluie. Soit environ o l. 50 par million de mètres cubes de pluie. Pendant la période du 25 octobre au 2 novembre 1882, la durée de montée a été de trois jours. Le débit de la Fontaine a augmenté de 57 litres pour 116 millions de mètres cubes de pluie. Soit environ o l. 50 par million de mètres cubes de pluie. Pendant la période du 20 octobre au 5 novembre 1889, la durée de la montée a été de quatre jours. Le débit de la Fontaine a augmenté de 47 litres pour 100 millions de mètres cubes de pluie. Soit environ o l. 50 par million de mètres cubes de pluie.
27	141,40	12,216,960	38,00	55,100,000	
28	145,20	12,545,280	13,00	18,850,000	
29	141,40	12,216,960	"	"	
30	127,00	10,972,800	"	"	
31	121,71	10,515,744	"	"	
1er novembre	118,20	10,212,480	"	"	
2	114,80	9,918,720	11,00	15,950,000	
3	116,50	10,065,600	13,00	18,850,000	
4	108,00	9,331,200	4,00	5,800,000	
5	106,40	9,192,960	12,00	17,400,000	
Du 15 au 25 juillet 1892.					
15 juillet	11,80	1,019,520	"	"	
16	11,80	1,019,520	"	"	
17	11,80	1,019,520	16,00	23,200,000	80 millions de mètres cubes de pluie n'ont rien produit. Montée insensible de la Fontaine. Pendant les périodes du 20 août au 5 novembre 1890 et du 20 au 28 août 1891, les 65 millions et 35 millions de pluies tombées n'ont pas produit d'exhaussement du niveau de la Fontaine.
18	12,85	1,120,240	29,00	42,050,000	
19	12,85	1,120,240	"	"	
20	12,85	1,120,240	0,66	957,000	
21	12,85	1,120,240	10,00	14,500,000	
22	12,85	1,120,240	"	"	
23	11,80	1,019,520	"	"	
24	11,80	1,019,520	"	"	
25	11,80	1,019,520	"	"	

TABLEAU N° 11.

PROPORTION DES DÉBITS DE LA FONTAINE ET DES PLUIES
PENDANT LES PÉRIODES DE DÉVERSEMENT, DE DÉBITS MOYENS ET DE PETITS DÉBITS.

DURÉE DES PÉRIODES.	DÉBIT par SECONDE.	DÉBIT TOTAL de la FONTAINE.	PLUIE MOYENNE en milli-mètres.	PLUIE TOTALE.	RAPPORT des DÉBITS à la pluie.	OBSERVATIONS.
Périodes de déversement (de 150 à 23 mètres cubes). Du 28 octobre 1882 au 10 juillet 1883.						
Du 28 au 31 octobre 1882.	70,45	24,347,520	21,00	30,450,000		En faisant les mêmes calculs pour les périodes du 20 octobre 1885 au 10 juin 1886, et du 20 octobre 1886 au 12 juin 1887 et pour des débits de la Fontaine de 74 à 27 mètres cubes et 82 à 26 mètres c. on trouve que les volumes d'eau débités sont les 98,5 et 112 p. 100 des volumes des pluies.
Novembre	35,00	90,720,000	38,00	55,100,000		
Décembre	47,00	125,884,800	87,00	126,150,000		
Janvier 1883	41,00	109,814,400	76,00	110,200,000		
Février	43,00	104,025,600	78,00	113,100,000		
Mars	30,00	80,352,000	59,00	85,550,000		
Avril	35,00	90,720,000	62,00	89,900,000		
Mai	43,00	115,171,200	61,00	88,450,000		
Juin	30,00	77,760,000	73,00	105,850,000		
Du 1er au 10 juillet	23,60	18,351,360	36,00	52,200,000		
TOTAL	398,05	837,146,880	591,00	856,950,000	98 p. 0/0	
DÉBIT MOYEN	39,80	//	59,10	//		
Périodes de débits moyens (de 25 à 13 mètres cubes). Du 5 mai au 3 novembre 1880.						
Du 5 au 31 mai 1880	22,00	11,404,800	40,00	58,000,000		Pour les périodes du 1er avril au 27 octobre 1882, du 10 juillet au 31 octobre 1883, du 25 juin au 10 novembre 1887 et pour des débits de la Fontaine de 17 à 18 m. c. de 22 à 13 m.c. et de 21 à 16 m. c, on trouve que les volumes d'eau débités sont les 41, 48 et 44 p. 100 des volumes des pluies.
Juin	21,00	54,432,000	112,00	162,400,000		
Juillet	15,00	40,176,000	7,00	10,150,000		
Août	11,00	29,462,400	60,00	87,000,000		
Septembre	14,00	36,288,000	92,00	133,400,000		
Octobre	13,00	34,819,200	32,00	46,400,000		
Du 1er au 3 novembre	12,00	3,110,400	59,00	85,550,000		
TOTAL	108,00	209,692,800	402,00	582,900,000	35 p. 0/0	
DÉBIT MOYEN	15,40	//	57,40	//		
Périodes de petits débits (de 13 à 5 mètres cubes). Du 1er août 1884 au 31 janvier 1885.						
Août 1884	10,00	26,784,000	29,00	42,050,000		Pour les périodes du 15 novembre 1883 au 31 mai 1884, du 15 juillet au 15 octobre 1886 et pour des débits de la Fontaine de 14 à 10 m. c. et de 13 à 11 m. c., on trouve que les volumes d'eau débités sont les 53 et 34 p. 100 des volumes des pluies.
Septembre	8,00	20,736,000	58,00	84,100,000		
Octobre	7,00	18,748,800	16,00	23,200,000		
Novembre	6,00	15,552,000	6,00	8,700,000		
Décembre	6,00	16,070,400	39,00	56,550,000		
Janvier 1885	6,00	16,070,400	40,00	58,000,000		
TOTAL	43,00	113,961,600	188,00	272,600,000	42 p. 0/0	
DÉBIT MOYEN	7,10	//	31,30	//		

TAB

EXCÉDENT DES VOLUMES D

a. AVANT LE DÉVERSEMENT.

PÉRIODES.	DÉBIT DE LA FONTAINE par seconde.	DÉBIT DE LA FONTAINE Total.
Du 6 août 1880 au 31 janvier 1881.		
Du 6 au 31 août 1880....	11,00	24,710,400
Septembre............	14,00	36,288,000
Octobre..............	13,00	34,819,200
Novembre.............	41,00	106,272,000
Décembre.............	21,00	56,246,400
Janvier 1881..........	25,00	66,960,000
DÉBIT TOTAL.........		325,296,000
Du 8 septembre 1891 au 26 février 1892.		
Du 8 au 30 septembre 1891.	8,80	17,487,360
Octobre.............	23,00	61,603,200
Novembre.............	34,00	88,128,000
Décembre.............	27,00	72,316,800
Janvier 1892..........	23,00	61,603,200
Du 1er au 26 février......	30,00	67,392,000
DÉBIT TOTAL.........		368,530,560
Du 1er octobre au 22 novembre 1892.		
Octobre 1892.........	17,00	45,532,800
Du 1er au 22 novembre...	34,00	64,627,200
DÉBIT TOTAL.........		110,160,000

PÉRIODES.	DÉBIT DE LA PLUIE moyen.	DÉBIT DE LA PLUIE Total.	EX
Du 4 août 1880 au 31 janvier 1881.			
Du 4 au 31 août 1880....	58,00	84,100,000	
Septembre............	92,00	133,400,000	
Octobre..............	32,00	46,400,000	
Novembre.............	**151,00**	218,950,000	
Décembre.............	16,00	23,200,000	
Janvier 1881..........	**132,00**	191,400,000	
DÉBIT TOTAL.........		697,450,000	372
Du 7 septembre 1891 au 24 février 1892.			
Du 7 au 30 septembre 1891.	7,00	10,150,000	
Octobre.............	**205,00**	297,250,000	
Novembre.............	87,00	126,150,000	
Décembre.............	22,00	31,900,000	
Janvier 1892..........	65,00	94,250,000	
Du 1er au 24 février....	**120,00**	174,000,000	
DÉBIT TOTAL.........		733,700,000	365
Du 30 septembre au 20 novembre 1892.			
Du 30 au 31 septembre 1892	3,00	4,350,000	
Octobre.............	**105,00**	152,250,000	
Du 1er au 20 novembre..	**138,00**	200,100,000	
DÉBIT TOTAL.........		356,700,000	246

En appliquant la formule $\frac{(P - D) - (P' - D')}{2} = C$, on trouve pour les volum

12.

...ES VOLUMES DES DÉBITS.

b. APRÈS LE DÉVERSEMENT.

PÉRIODES.	DÉBIT DE LA FONTAINE par seconde.	DÉBIT DE LA FONTAINE Total.	PÉRIODES.	DÉBIT DE LA PLUIE moyen.	DÉBIT DE LA PLUIE Total.	EXCÉDENT.
Du 1er février au 16 septembre 1881.			*Du 30 janvier au 16 septembre 1881.*			
...er au 28 février 1881	49,00	118,540,800	Du 30 au 31 janvier 1881	9,00	13,050,000	
...	38,00	101,779,200	Février	32,00	46,400,000	
...	46,00	119,232,000	Mars	49,00	71,050,000	
...	25,00	66,960,000	Avril	84,00	121,800,000	
...	21,00	54,432,000	Mai	38,00	55,100,000	
...et	14,00	37,497,000	Juin	22,00	31,900,000	
...	11,00	29,462,400	Juillet	3,00	4,350,000	
...er au 16 septembre	11,00	15,206,400	Août	71,00	102,950,000	
DÉBIT TOTAL		543,110,400	Du 1er au 16 septembre	10,00	14,500,000	
			DÉBIT TOTAL		461,100,000	— 2,010,400f
Du 26 février au 30 septembre 1892.			*Du 24 février au 30 septembre 1892.*			
...6 au 29 février 1892	60,00	20,736,000	Du 24 au 29 février 1882	41,00	59,450,000	
...	35,00	93,744,000	Mars	70,00	101,500,000	
...	39,00	101,088,000	Avril	46,00	66,700,000	
...	28,00	74,995,200	Mai	62,00	89,900,000	
...	17,00	44 064,000	Juin	26,00	37,700,000	
...et	12,00	32,140,800	Juillet	50,00	72,500,000	
...	10,00	26,784,000	Août	49,00	71,050,000	
...embre	9,00	23,328,000	Septembre	23,00	33,350,000	
DÉBIT TOTAL		416,880,000	DÉBIT TOTAL		532,150,000	115,270,000
... 23 novembre 1892 au 18 juillet 1893.			*Du 21 novembre 1892 au 18 juillet 1893.*			
...3 au 30 novembre 1892	40,50	28,393,600	Du 21 au 30 novembre 1893	0,00	//	
...mbre	19,00	50,889,600	Décembre	11,00	15,950,000	
...er 1893	12,00	32,140,800	Janvier 1893	18,00	26,100,000	
...ier	12,00	29,030,400	Février	98,00	142,100,000	
...	27,00	72,316,800	Mars	31,00	44,950,000	
...	16,00	41,472,000	Avril	36,00	52,200,000	
...	16,00	42,854,400	Mai	66,00	95,700,000	
...	16,00	41,472,000	Juin	63,00	91,350,000	
...er au 18 juillet	12,00	18,662,400	Du 1er au 18 juillet	0,00	//	
DÉBIT TOTAL		357,232,000	DÉBIT TOTAL		468,350,000	111,118,000

...ervoirs.

en 1881 : $\frac{372,000,000 - (- 82,000,000)}{2}$ = 227 millions de mètres cubes.

en 1892 : $\frac{365,000,000 - 115,000,000}{2}$ = 125 millions de mètres cubes.

en 1893 : $\frac{246,000,000 - 111,000,000}{2}$ = 67,500,000 mètres cubes.

TABI

VOLUMES DÉBITÉS POUR DES ABAISSEMENTS SUCCESSIFS DE 1

ABAISSEMENT du NIVEAU.	QUANTITÉ de PLUIE.	QUANTIÈME du MOIS.	DÉBIT DE LA FONTAINE par seconde.	DÉBIT DE LA FONTAINE Total.
Du 1er au 20 juillet 1893.				
De 12 m. 45 à 9 m. 50.	0	1	15,05	1,300,320
		2	15,05	1,300,320
		3	15,05	1,300,320
		4	13,90	1,200,960
Volume débité pour un abaissement de 2 m. 95.				5,101,920
Volume débité pour un abaissement de 1 mètre.				1,700,000
De 9 m. 50 à 7 m. 80.	0	5	13,90	1,200,960
		6	13,90	1,200,960
		7	12,85	1,120,240
Volume débité pour un abaissement de 1 m. 70.				3,522,160
Volume débité pour un abaissement de 1 mètre				2,000,000
De 7m,80 à 6m,70.	0	8	12,85	1,120,240
		9	11,80	1,019,520
Volume débité pour un abaissement de 1 m. 10.				2,139,760
Volume débité pour un abaissement de 1 mètre.				1,900,000
De 6 m. 70 à 5 m. 50.	0	10	11,80	1,019,520
		11	11,80	1,019,520
		12	10,80	933,120
		13	10,80	933,120
Volume débité pour un abaissement de 1 m. 20.				3,905,280
Volume débité pour un abaissement de 1 mètre.				3,250,000
De 5 m. 50 à 4 mètres.	0	14	10,80	933,120
		15	10,80	933,120
		16	9,80	846,720
		17	9,80	846,720
		18	9,80	846,720
Volume débité pour un abaissement de 1 m. 50.				4,406,400
Volume débité pour un abaissement de 1 mètre.				2,900,000

ABAISSEMENT du NIVEAU.	QUANTITÉ de PLUIE.	QUANTIÈME du MOIS.	DÉBIT DE LA FONTA[INE] par seconde.	T[otal]
Du 9 au 23 septembre 1892.				
De 4 mètres à 2 m. 60.	0	9	9,80	8
		10	9,80	8
		11	9,80	8
		12	9,80	8
		13	9,80	8
		14	9,80	8
		15	9,80	8
		16	9,80	8
		17	9,80	8
		18	8,80	7
		19	8,80	7
		20	8,80	7
		21	8,80	7
		22	8,80	7
		23	8,80	7
Volume débité pour un abaissement de 1 m. 40.				12,1
Volume débité pour un abaissement de 1 mètre.				8,5
Du 23 février au 18 mars 1878.				
De 2 m. 10 à 1 m. 20.	240,700 mètres cubes. 10,028 mètres cubes par jour.	23	7,90	6
		24	7,90	6
		25	7,90	6
		26	7,90	6
		27	7,90	6
		28	7,90	6
		1	7,90	6
		2	7,90	6
		3	7,90	6
		4	7,90	6
		5	7,90	6
		6	7,00	6
		7	7,00	6
		8	7,00	6
		9	6,10	5
		10	7,00	6
		11	7,00	6
		12	7,00	6
		13	7,00	6
		14	7,00	6
		15	7,00	6
		16	7,00	6
		17	7,00	6
		18	7,00	6
Volume débité pour un abaissement de 0 m. 90.				15,29
Volume débité pour un abaissement de 1 mètre.				17,00

3.

12,50 À LA COTE ZÉRO DU SORGUOMÈTRE.

NIVEAU.	QUANTITÉ de PLUIE.	QUANTIÈME du MOIS.	DÉBIT DE LA FONTAINE par seconde.	DÉBIT DE LA FONTAINE Total.
Du 14 octobre au 6 novembre 1884.				
	965,700 mètres cubes. 40,237 mètres cubes par jour.	14	7,00	604,800
		15	7,00	604,800
		16	7,00	604,800
		17	7,00	604,800
		18	7,00	604,800
		19	7,00	604,800
		20	7,00	604,800
		21	7,00	604,800
		22	7,00	604,800
		23	7,00	604,800
		24	6,10	527,040
		25	6,10	527,040
		26	6,10	527,040
		27	6,10	527,040
		28	6,10	527,040
		29	6,10	527,040
		30	6,10	527,040
		31	6,10	527,040
		1	6,10	527,040
		2	6,10	527,040
		3	6,10	527,040
		4	6,10	526,040
		5	6,10	527,040
		6	6,10	527,040
ume débité pour un abaissement de o m. 64.				13,426,560
ume débité pour un abaissement de 1 mètre.				21,000,000
ume en retranchant la pluie tombée				20,000,000
Du 24 octobre au 4 décembre 1884.				
	8,630,400 mètres cubes. 205,485 mètres cubes par jour.	24	6,10	527,040
		25	6,10	527,040
		26	6,10	527,040
		27	6,10	527,040
		28	6,10	527,040
		29	6,10	527,040
		30	6,10	527,040
		31	6,10	527,040
A reporter				4,216,320

ABAISSEMENT du NIVEAU.	QUANTITÉ de PLUIE.	QUANTIÈME du MOIS.	DÉBIT DE LA FONTAINE par seconde.	DÉBIT DE LA FONTAINE Total.
Du 24 octobre au 4 décembre 1884 (Suite.)				
Report				4,216,320
De o m. 56 à o m. 00.	8,630,400 mètres cubes. 205,485 mètres cubes par jour.	1	6,10	527,040
		2	6,10	527,040
		3	6,10	527,040
		4	6,10	527,040
		5	6,10	527,040
		6	6,10	527,040
		7	6,10	527,040
		8	6,10	527,040
		9	6,10	527,040
		10	6,10	527,040
		11	6,10	527,040
		12	6,10	527,040
		13	6,10	527,040
		14	6,10	527,040
		15	6,10	527,040
		16	6,10	527,040
		17	6,10	527,040
		18	6,10	527,040
		19	6,10	527,040
		20	6,10	527,040
		21	5,30	457,920
		22	5,30	457,920
		23	5,30	457,920
		24	5,30	457,920
		25	5,30	457,920
		26	5,30	457,920
		27	5,30	457,920
		28	5,30	457,920
		29	5,30	457,920
		30	5,30	457,920
		1	5,30	457,920
		2	5,30	457,920
		3	5,30	457,920
		4	5,30	457,920
Volume débité pour un abaissement de o m. 56.				21,168,000
Volume débité pour un abaissement de 1 mètre.				37,000,000
Volume en retranchant la pluie tombée				29,000,000

TABLEAU N° 14.

MANQUANTS.

MOIS.	DÉBIT par SECONDE.	MANQUANT à 18 mètres cubes.	VOLUME D'EAU MANQUANT par mois.	OBSERVATIONS.
	mèt. cubes.	mèt. cubes.	mètres cubes.	
Année 1880.				
Janvier	9	9	24,105,600	En faisant les calculs, on
Février	13	5	12,528,000	trouve pour les années :
Mars	13	5	13,392,000	1883 — 52,358,400 m. cubes.
Avril	13	5	12,960,000	1884 — 266,630,400
Mai	22	″	″	1885 — 79,747,200
Juin	21	″	″	1886 — 52,358,400
Juillet	15	3	8,035,200	1887 — 37,152,000
Août	11	7	18,230,400	1888 — 41,817,600
Septembre	14	4	10,368,000	1889 — 7,862,400
Octobre	13	5	12,392,000	1890 — 89,078,400
Novembre	41	″	″	1891 — 98,150,400
Décembre	21	″	″	
TOTAL			113,011,200	
Année 1881.				
Janvier	25	″	″	
Février	48	″	″	
Mars	38	″	″	
Avril	46	″	″	
Mai	25	″	″	
Juin	21	″	″	
Juillet	14	4	10,713,600	
Août	11	7	18,230,400	
Septembre	10	8	20,736,000	
Octobre	9	9	24,105,600	
Novembre	11	7	18,144,000	
Décembre	30	″	″	
TOTAL			91,929,600	
Année 1882.				
Janvier	33	″	″	
Février	18	″	″	
Mars	24	″	″	
Avril	17	1	2,592,000	
Mai	21	″	″	
Juin	13	5	12,960,000	
Juillet	10	8	21,427,200	
Août	8	10	26,784,000	
Septembre	10	8	20,736,000	
Octobre	27	″	″	
Novembre	35	″	″	
Décembre	47	″	″	
TOTAL			84,499,200	

PLANCHES

Fig.a.

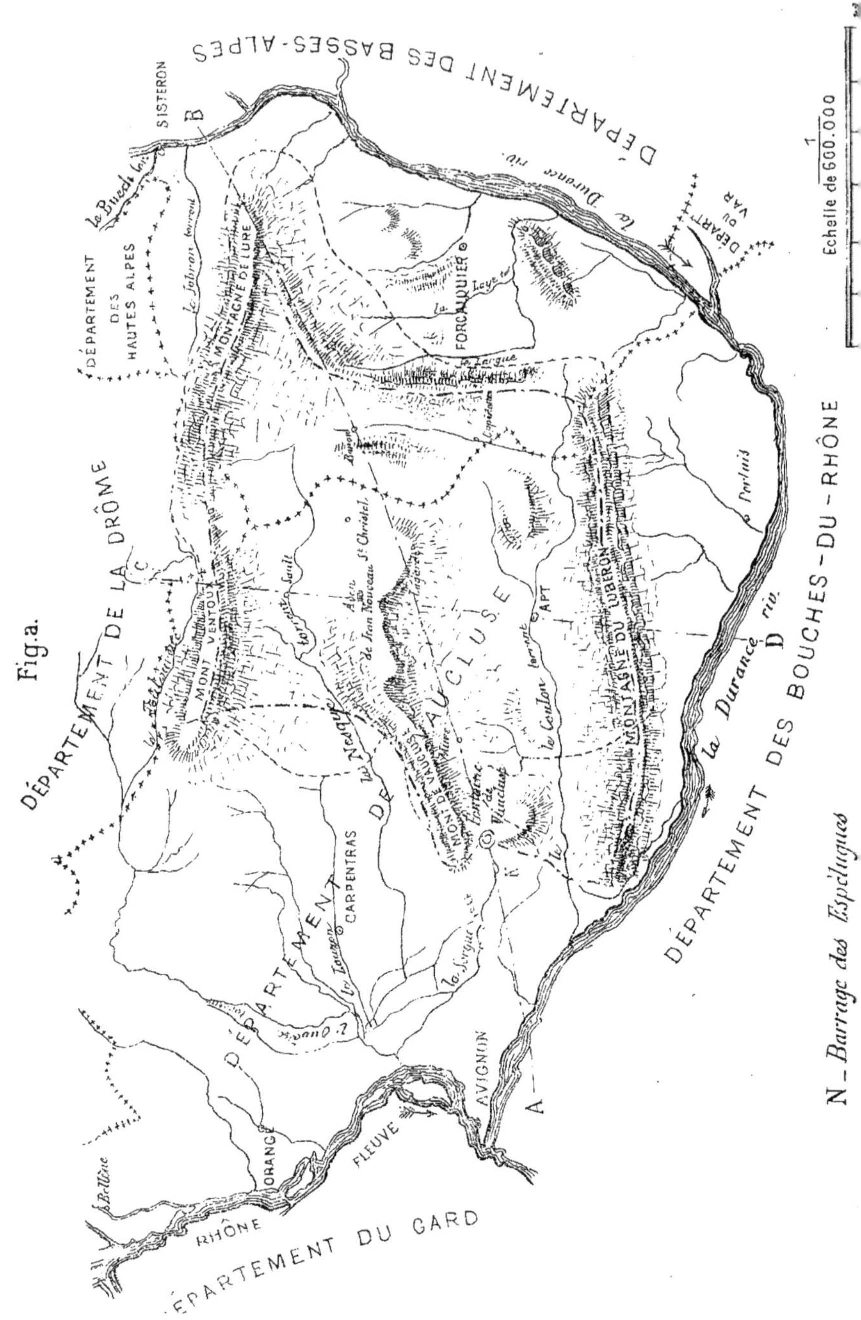

N – Barrage des Espélugues

E VAUCLUSE

Gouffre

Plan au sommet de la grotte Fig. b.

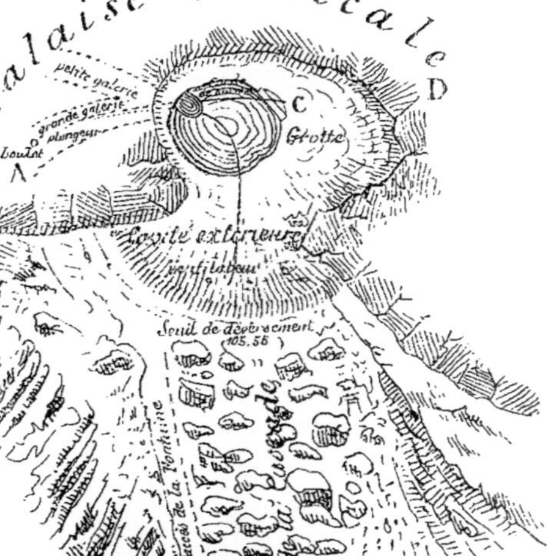

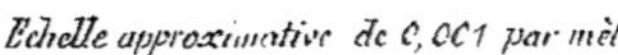

Echelle approximative de 0,001 par mètre

Coupe suivant A B C D Fig. c.

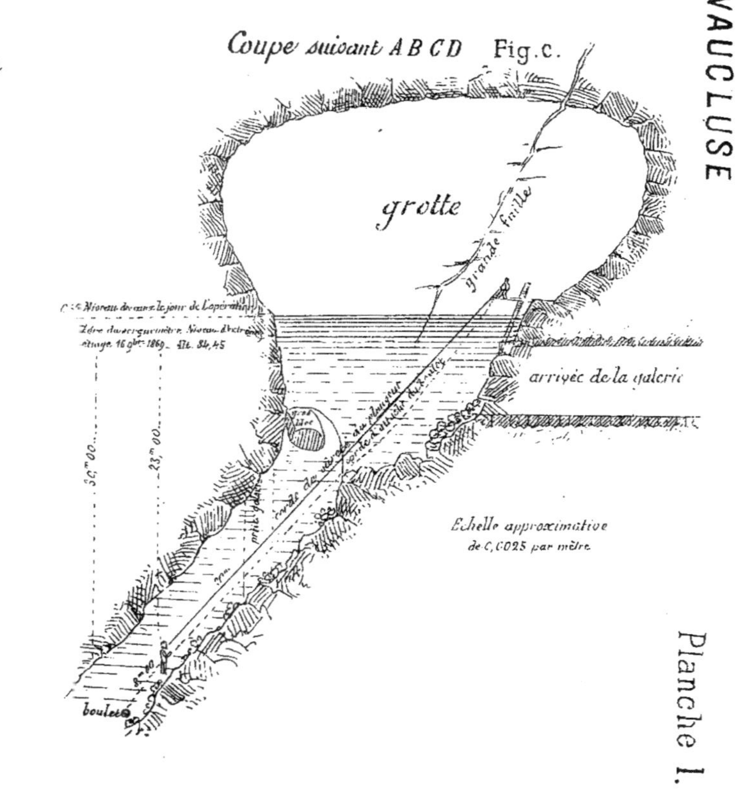

Planche I.

Lith. E. Martin, Avignon

FONTAI

Année 1885
5
10
15
20
25
30
35
40
45
50
55
60
65
Fig. d
Année 1884
5
10
15
20
25
30
35
40
Fig. c
5
10
15

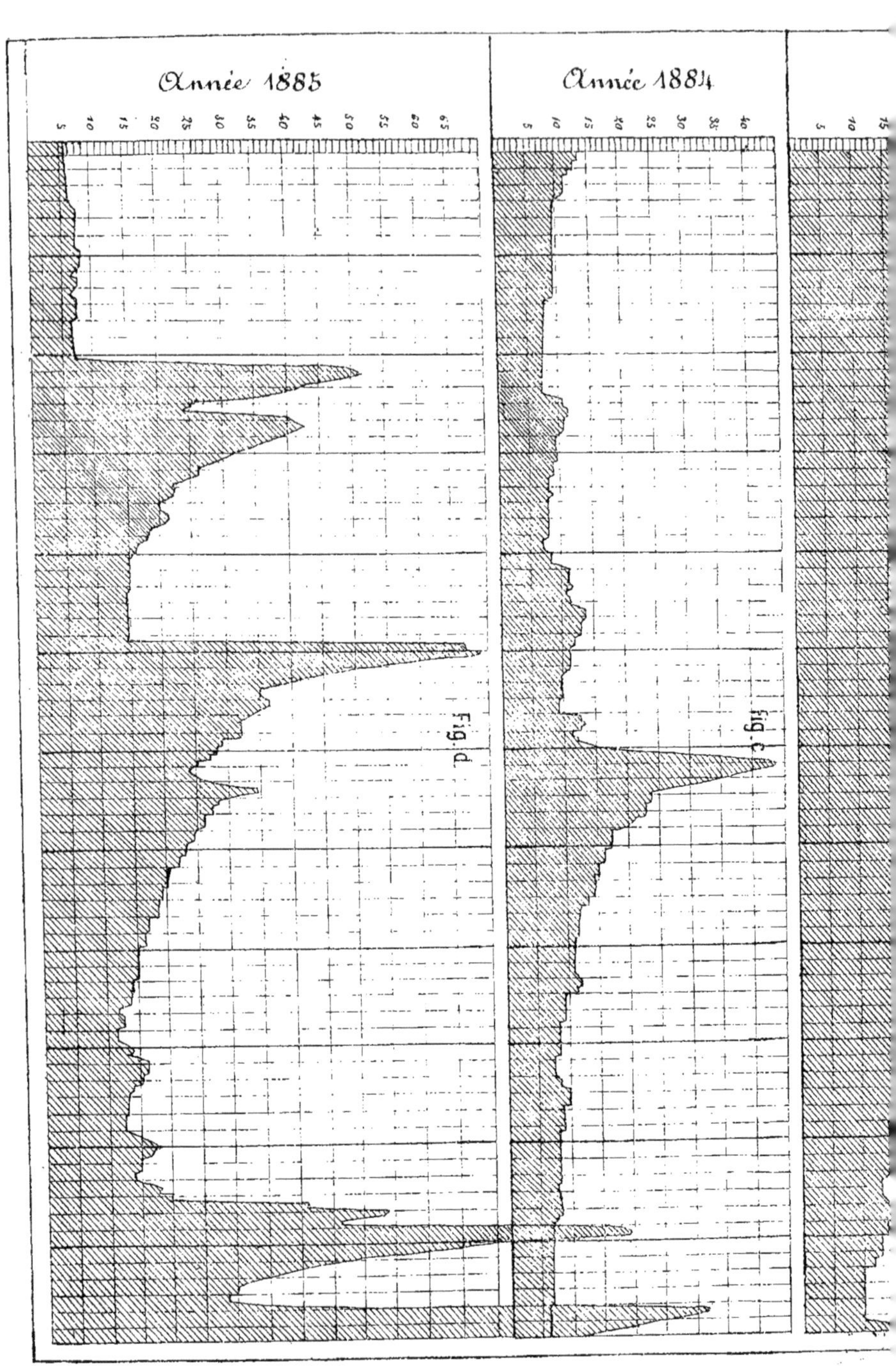

Planche II.

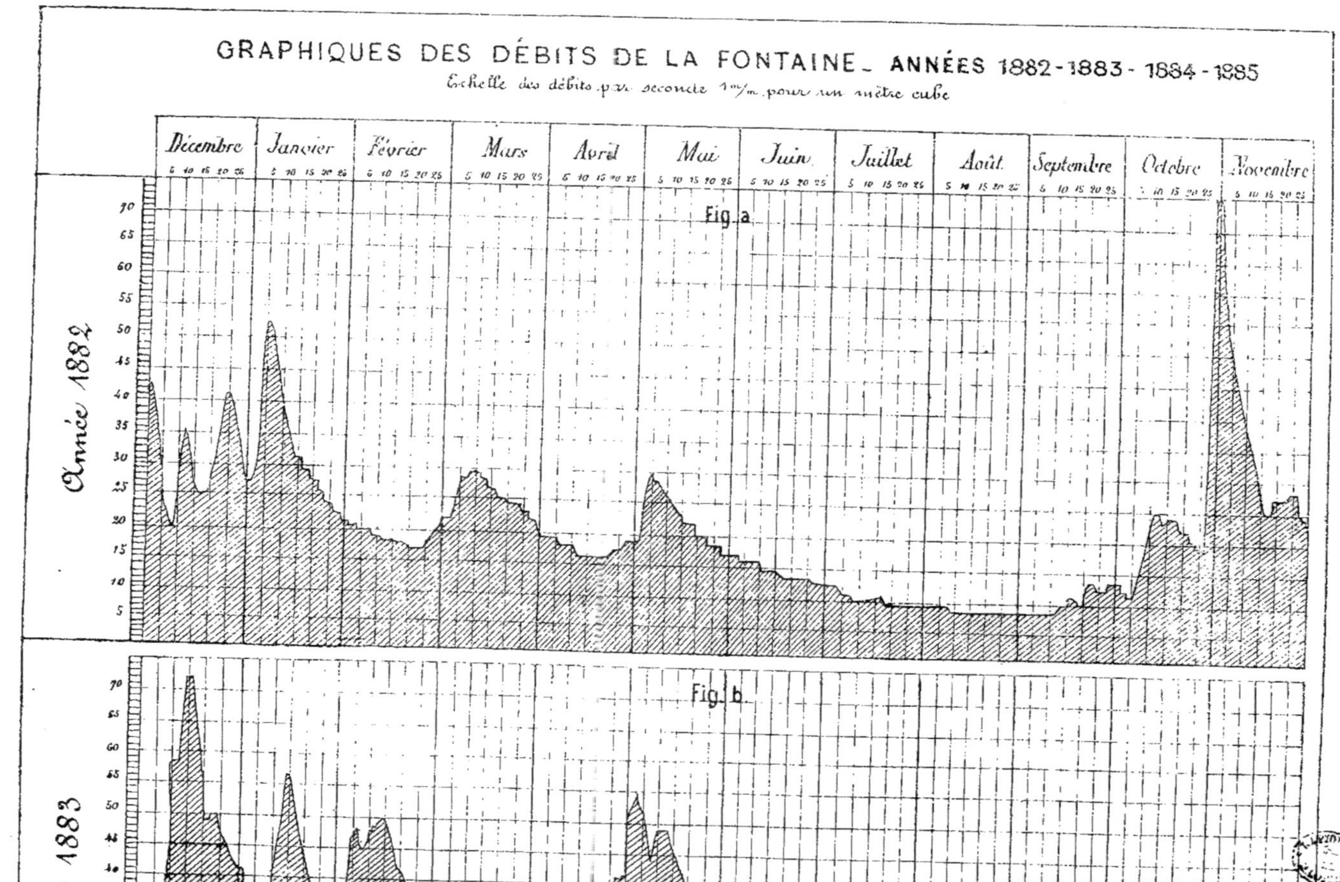

Lith. F. Martin, Avignon

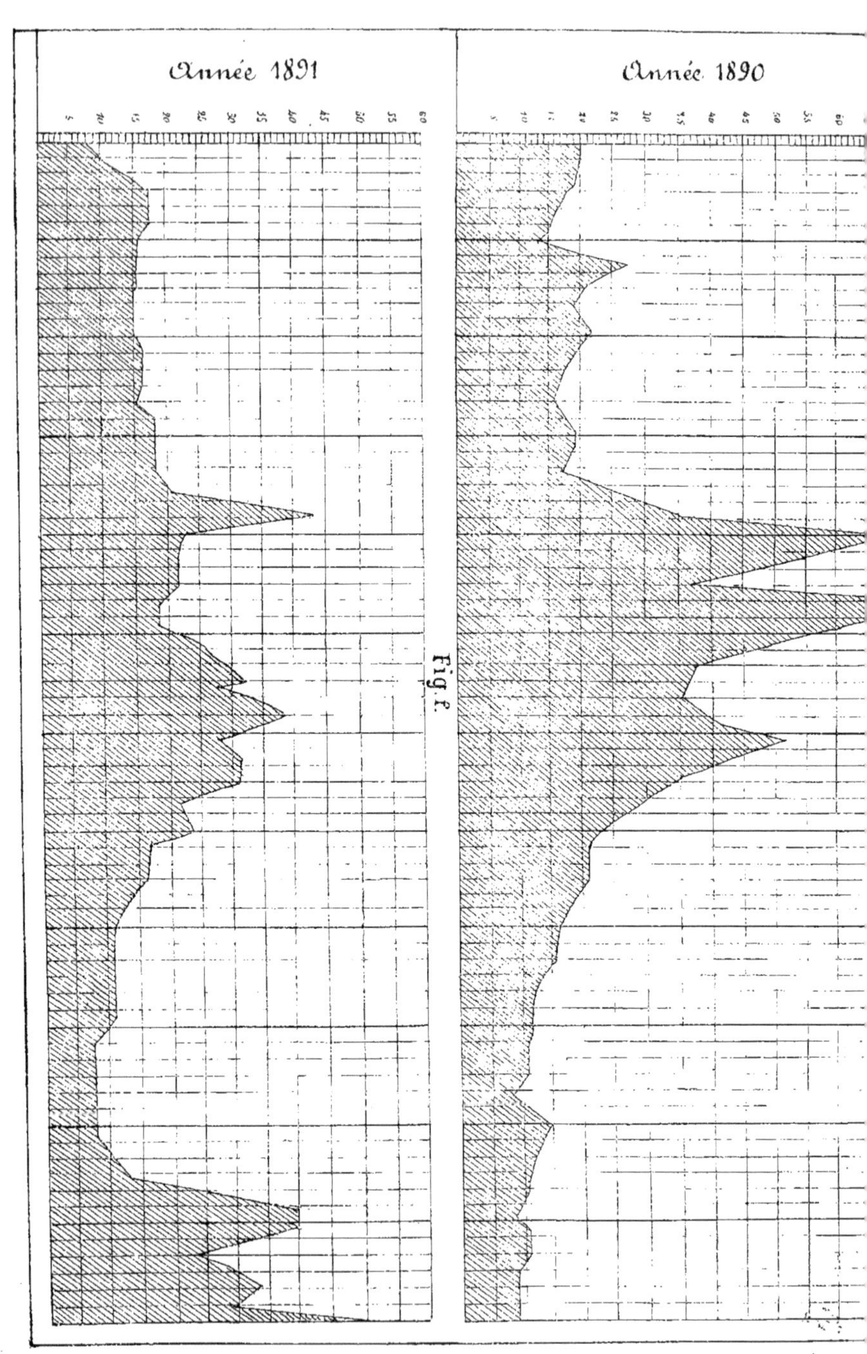
Année 1891
Année 1890
Fig. 8

VAUCLUSE

Planche II.

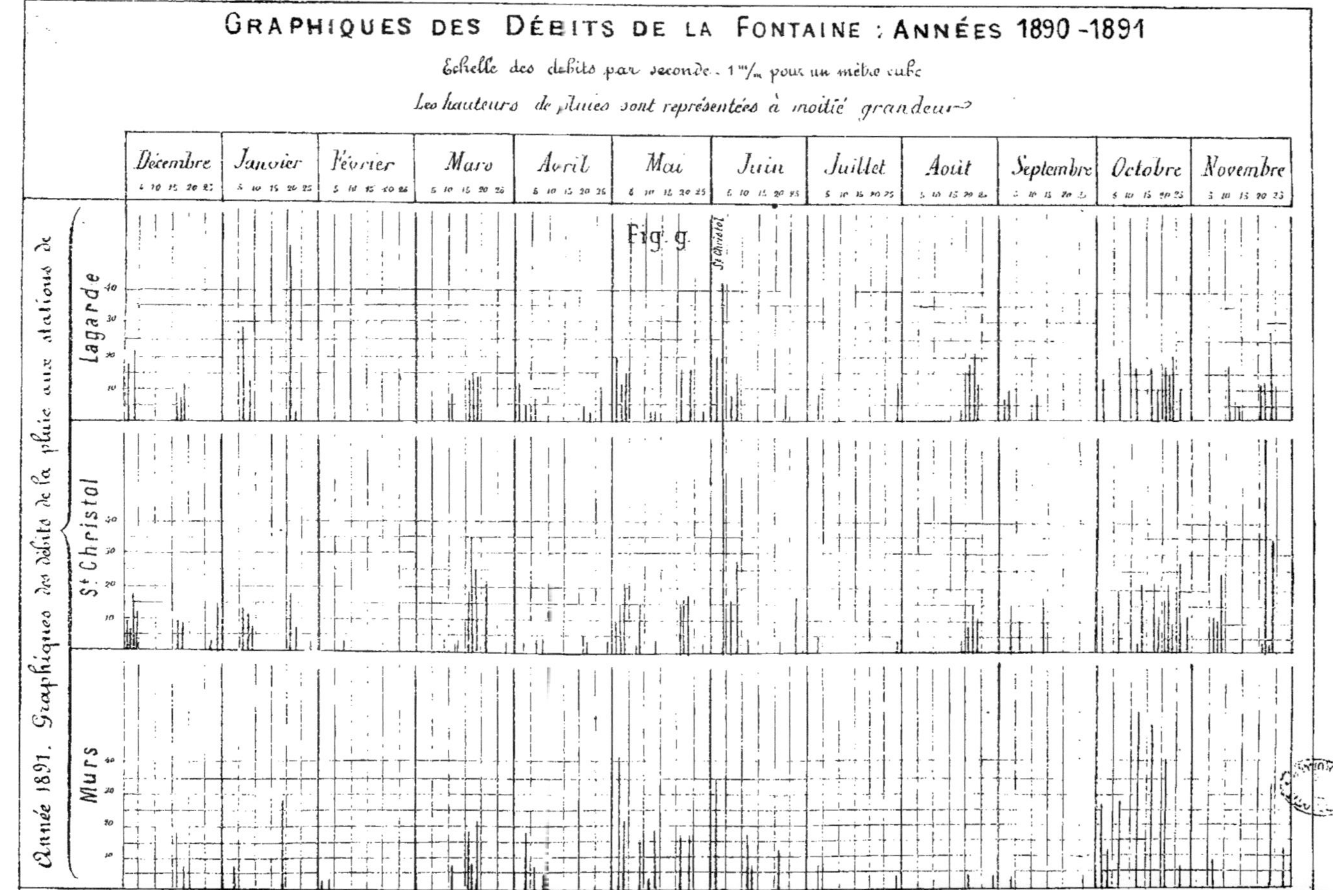

Lith. F. Martin, Avignon

Ministère de l'Agriculture

FONTAI

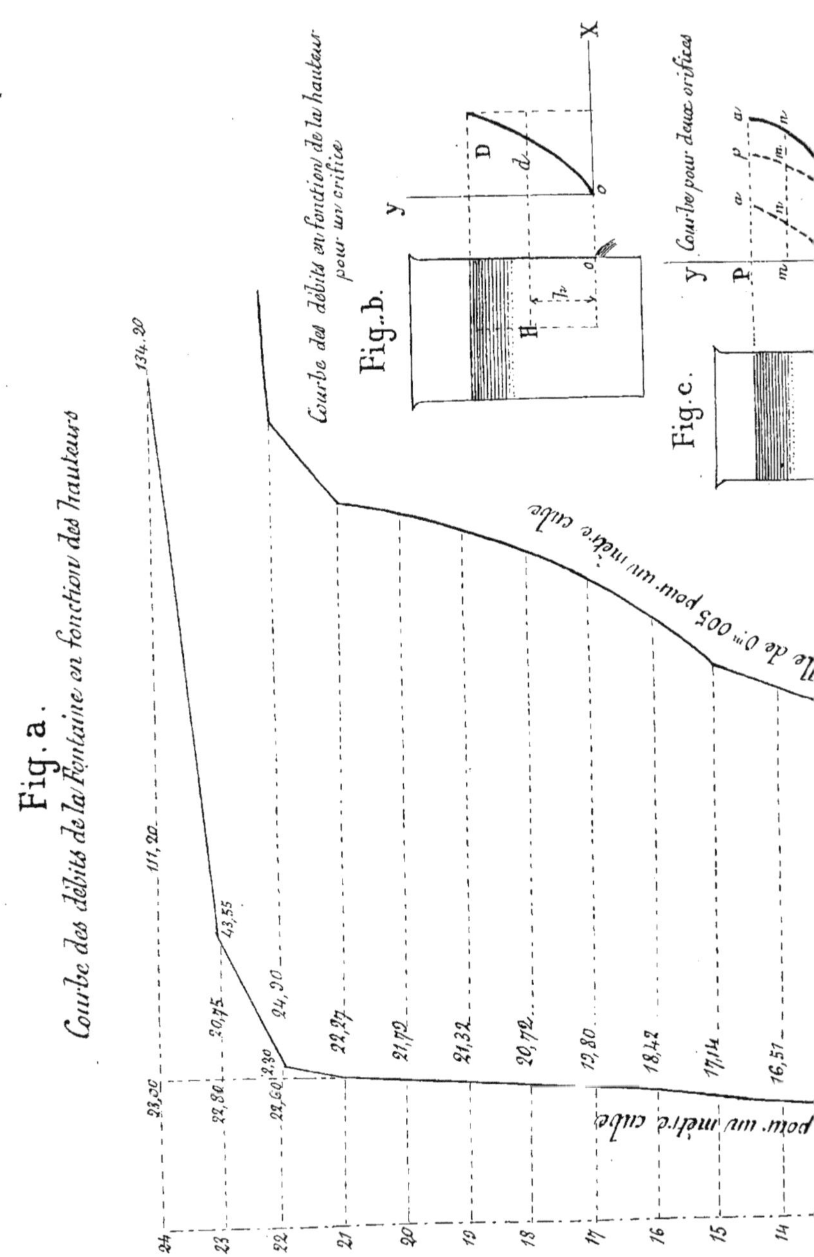

Hydraulique agricole

AUCLUSE

Planche III.

Lith. F. Martin, Avignon

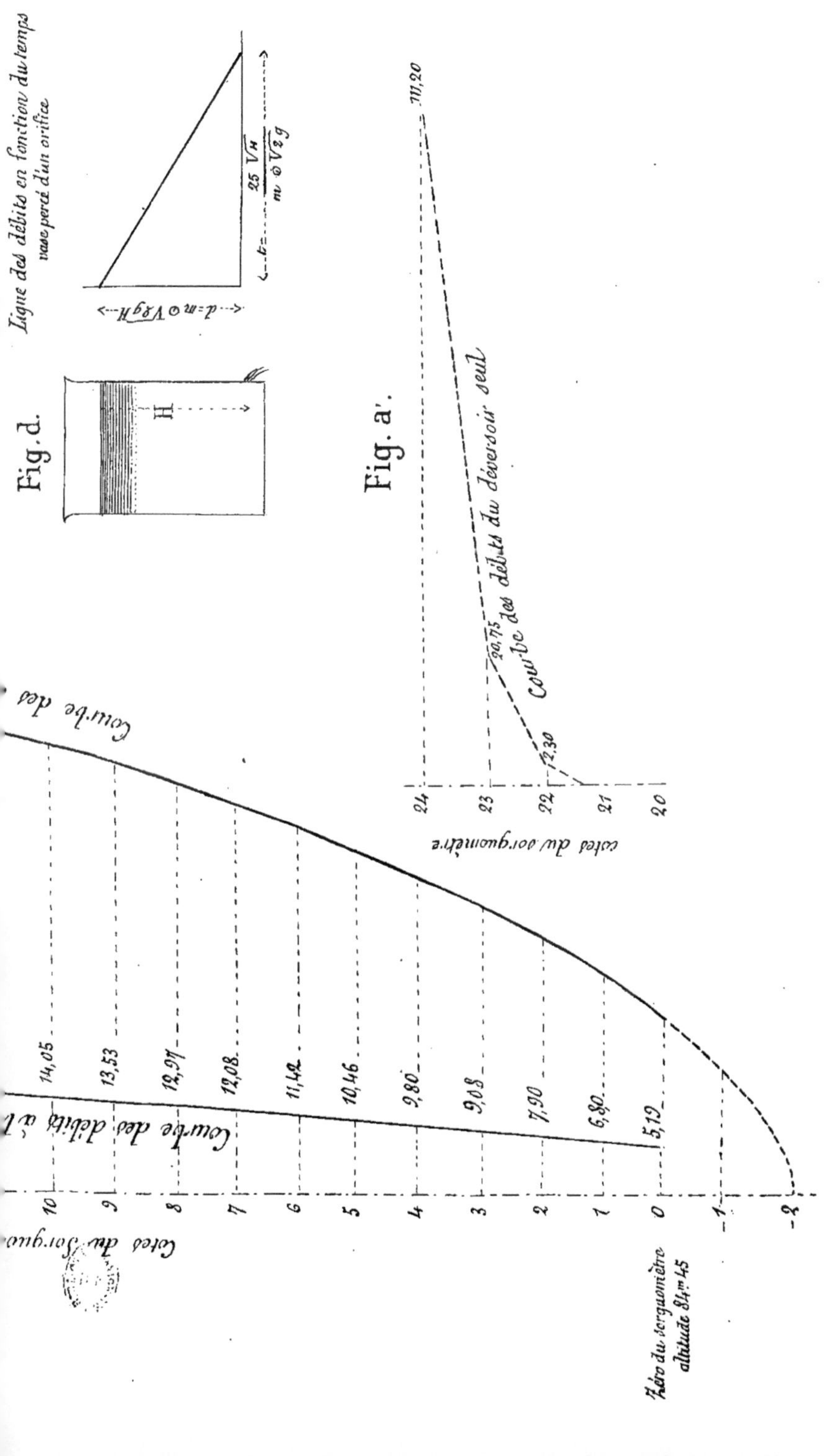

Ligne des débits en fonction du temps
vase percé d'un orifice

Fig. d.

H

$d = m\,\omega\sqrt{2gH}$

$t = \dfrac{25\sqrt{H}}{m\,\omega\sqrt{2g}}$

Fig. a'.

Courbe des débits du déversoir seul

111,20

20,75

12,30

24 23 22 21 20

Cotes du sorguomètre

Courbe des

Courbe des débits à l

14,05 13,53 12,97 12,08 11,42 10,46 9,80 9,08 7,90 6,80 5,19

10 9 8 7 6 5 4 3 2 1 0 -1 -2

Cotes du Sorguo

Zéro du sorguomètre
altitude 84m45

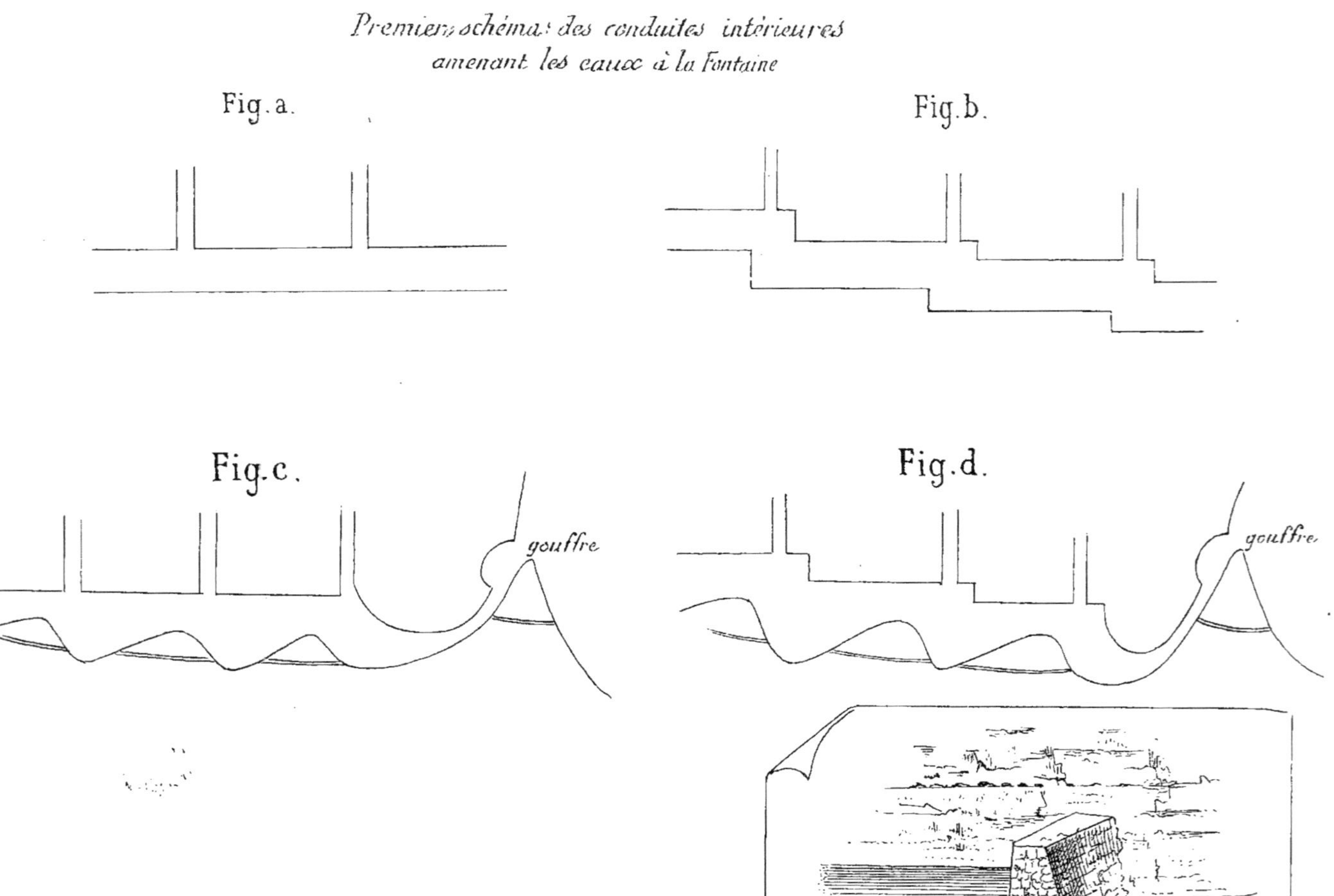
Premiers schémas des conduites intérieures
amenant les eaux à la Fontaine
Fig. a.
Fig. b.
Fig. c.
Fig. d.
gouffre
gouffre

UCLUSE

Planche IV

Lith. E. Martin, Avignon

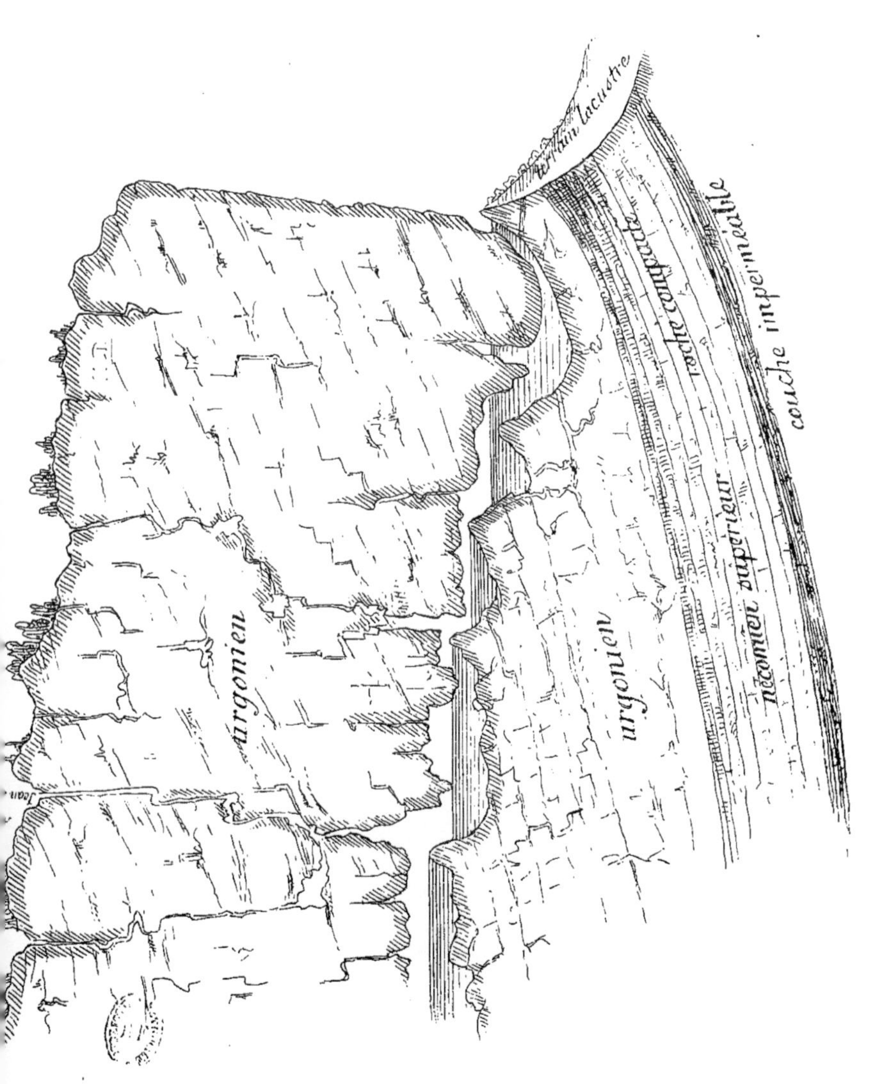

Ministère de l'Agriculture

FONTA

Coupes géologiques du bassin

Coupe en long suivant A B du plan (planche 1)

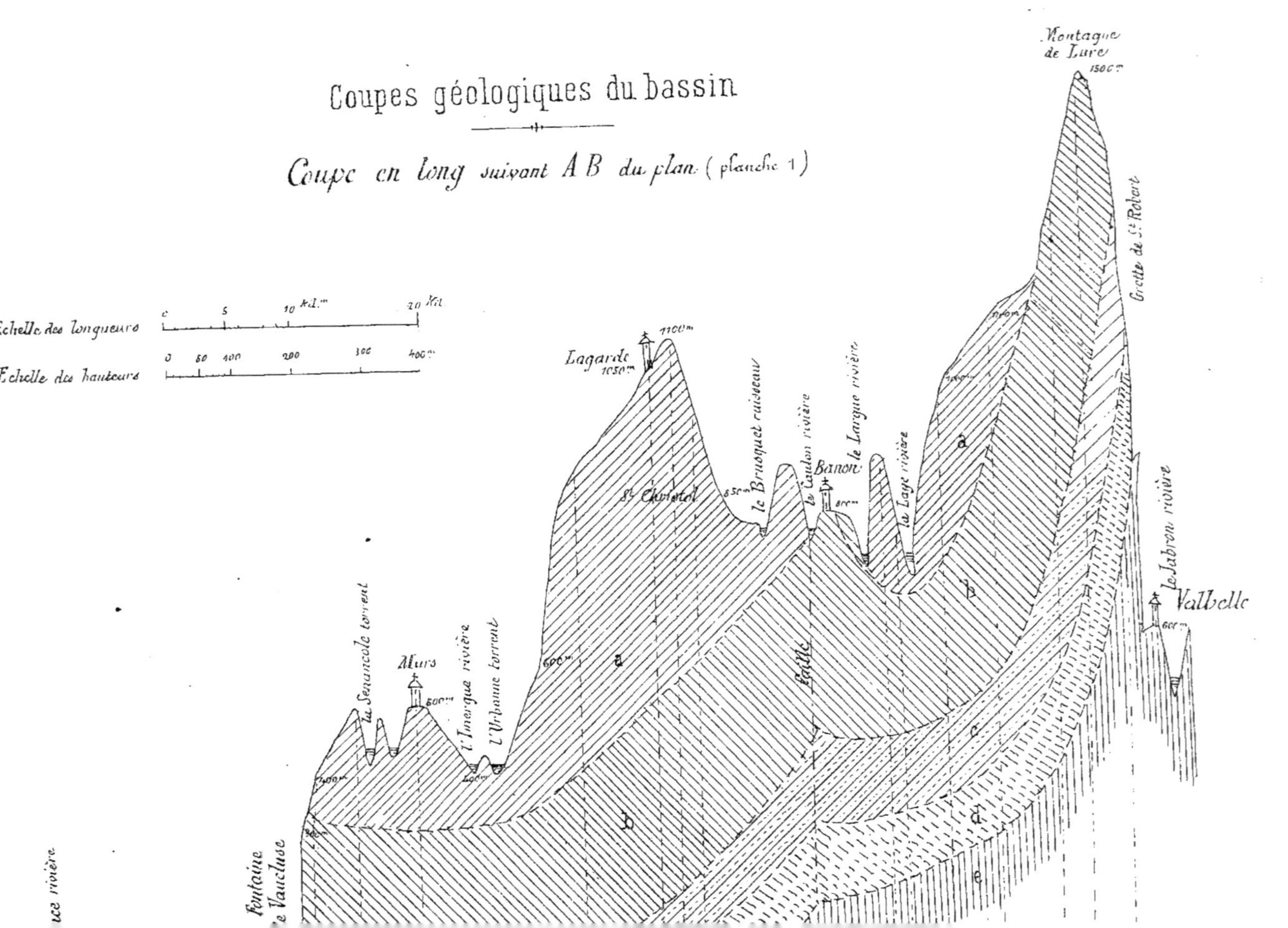

Hydraulique agricole

UCLUSE

Planche V.

a, aptien

a urgonien supérieur

b urgonien moyen et inférieur

c néocomien supérieur

d néocomien inférieur

e terrain jurassique

Coupe en travers suivant D C du plan (planche 1)

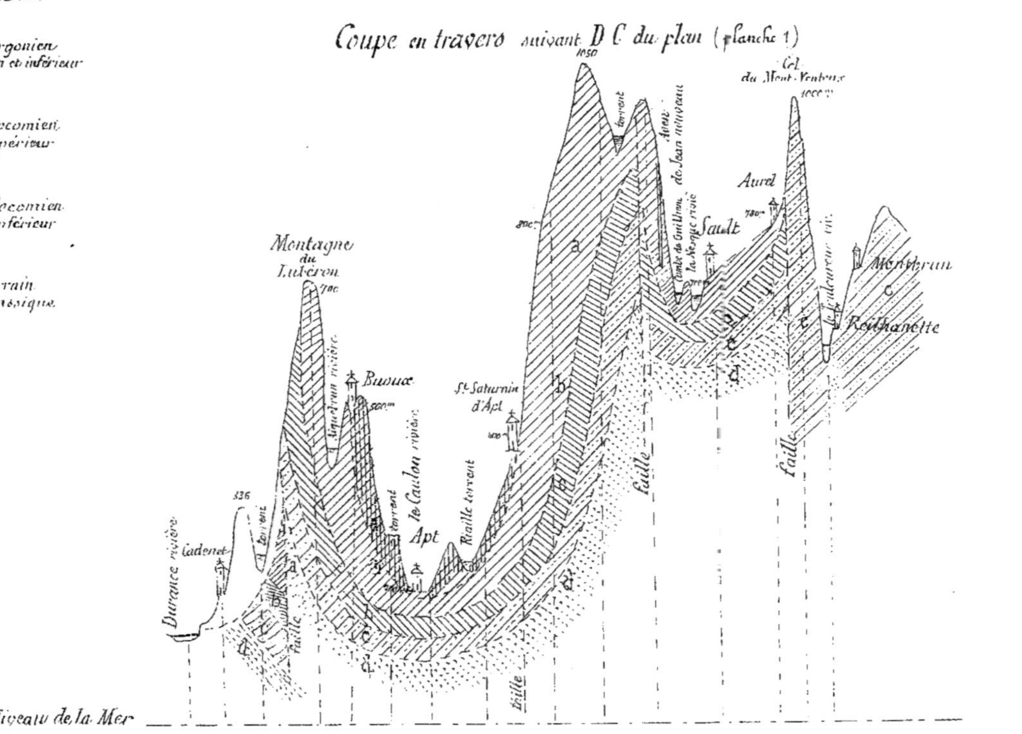

Lith. F. Martin, Avignon

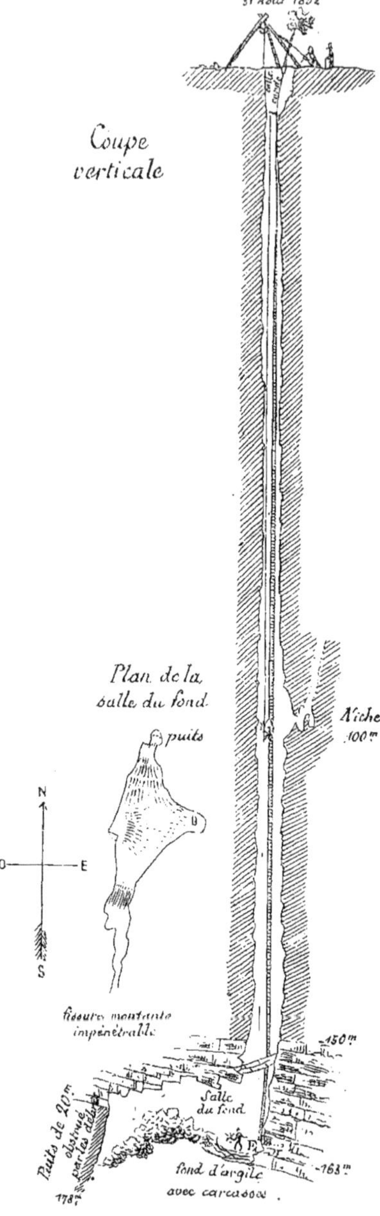
Fig. a.
Aven
de Jean-Nouveau
(Vaucluse)
(163 m à pic)
E. A. Martel et Louis Armand
31 Août 1892
Coupe verticale
Plan de la salle du fond
puits
N
O
E
S
Niche 100m
fissure montante impénétrable
150m
Puits de 20m obstrué par les débris
178m
Salle du fond
fond d'argile avec carcasses
163m
Direction tournant vers le Nord-Ouest

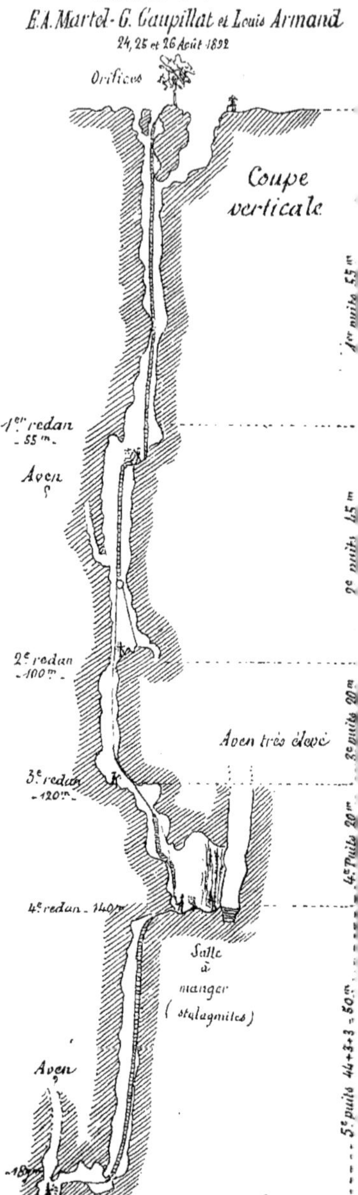
Fig. b.
Aven
de Vigne close
(Ardèche)
Profondeur 190m
E. A. Martel - G. Gaupillat et Louis Armand
24, 25 et 26 Août 1892
Orifices
Coupe verticale
1er redan - 55m -
Aven
2e redan - 100m -
Aven très élevé
3e redan - 120m -
4e redan - 140m
Salle à manger (stalagmites)
Aven
5e redan 190m
1er puits 55m
2e puits 45m
3e puits 20m
4e puits 20m
5e puits 44+3+3 = 50m

Planche VI.

IGUE ET RIVIÈRE SOUTERRAINE
des COMBETTES
près Carlucet (Lot)
Martel, Brisse, Pons, Rupin, Armand
4 et 5 Juin 1892
Profondeur 60-90 mèt longueur 220 m
Plan
2 avens
siphon
vestibule
fonds
gd puits
tiroir
coupe 1
coupe 2
coupe 3
coupe 4
coupe 5
coupe 6
coupe 7
N
O
E
S
Coupes transversales
échelle double
I
II
III
IV
V
VI
VII
VIII
Coupe longitudinale
Salle du balcon
puits de 45 m
fissure de suintement
couloir ogival
passage en tiroir
Jonction du vestibule et de la rivière
siphon

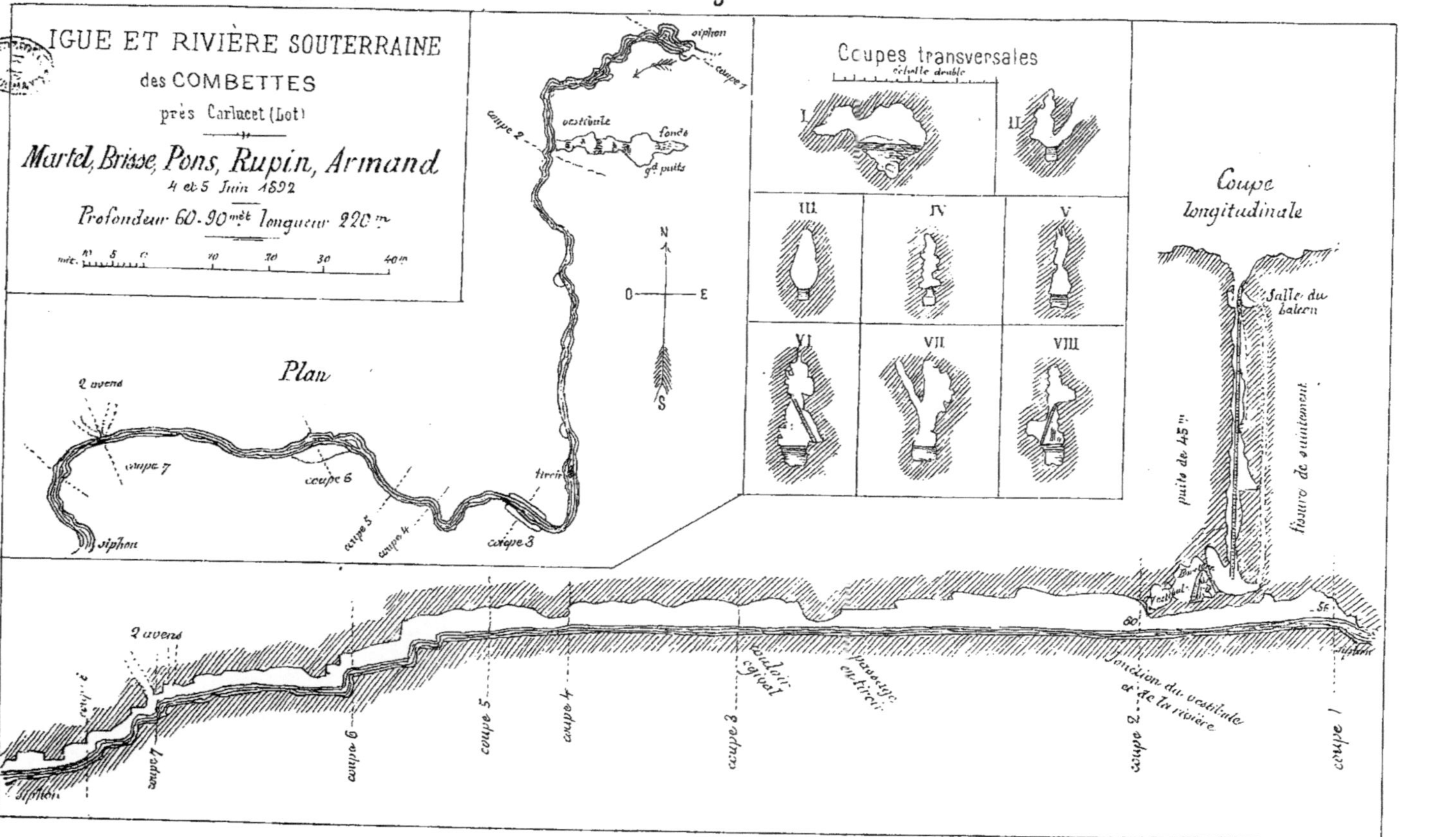

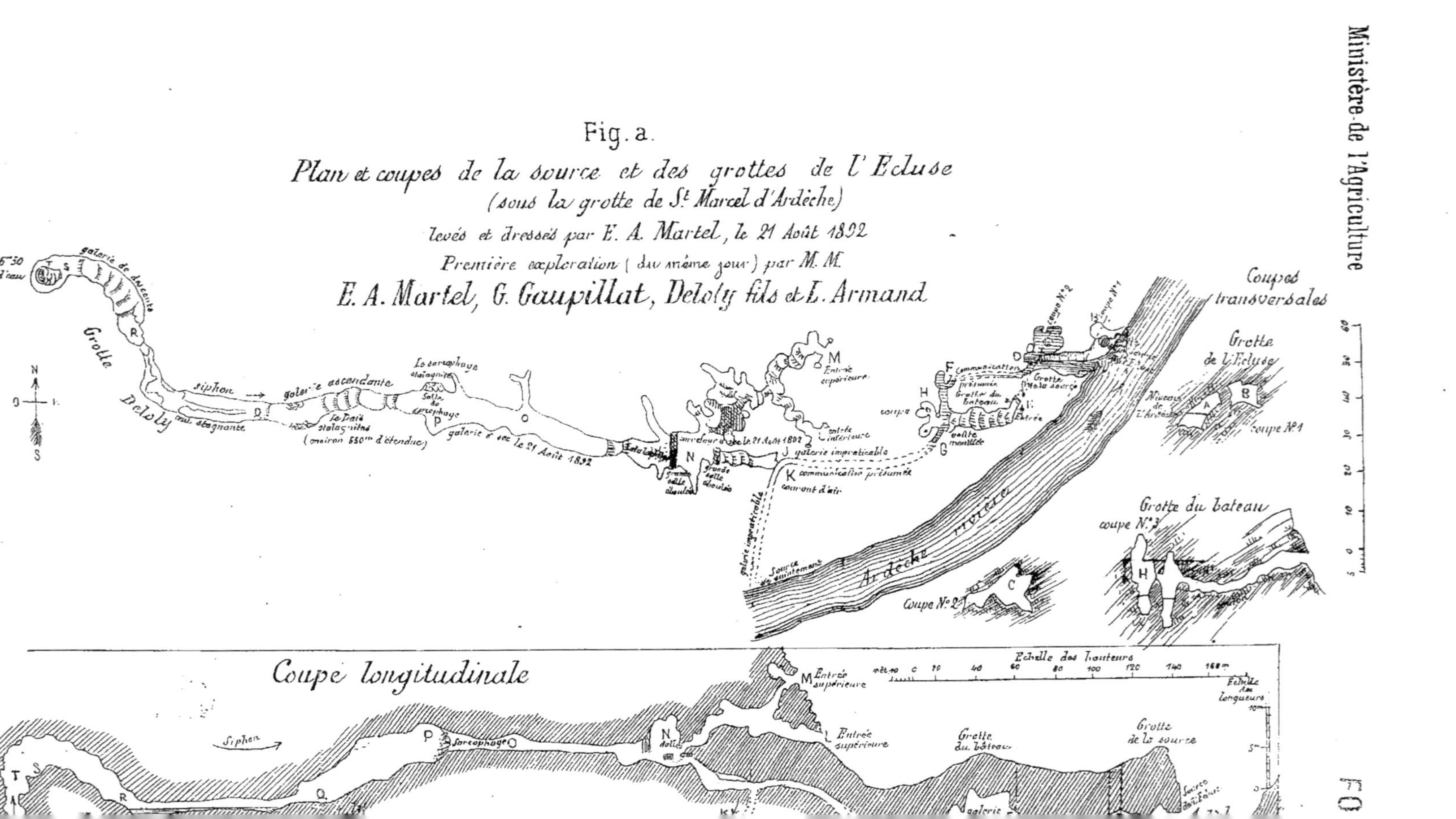
Fig. a.
Plan et coupes de la source et des grottes de l'Ecluse
(sous la grotte de St Marcel d'Ardèche)
levés et dressés par E. A. Martel, le 21 Août 1892
Première exploration (du même jour) par MM
E. A. Martel, G. Gaupillat, Deloly fils et L. Armand
Coupes transversales
Grotte de l'Ecluse
Coupe N° 1
Grotte du bateau
coupe N° 3
Coupe N° 2
Ardèche rivière
Grotte Deloly
siphon
galerie ascendante
galerie de descente
Le sarcophage
galerie impraticable
communication présumée
courant d'air
Entrée supérieure
Coupe longitudinale
Echelle des hauteurs
Echelle des longueurs
Grotte du bateau
Grotte de la source
Sarcophage

Planche VII.

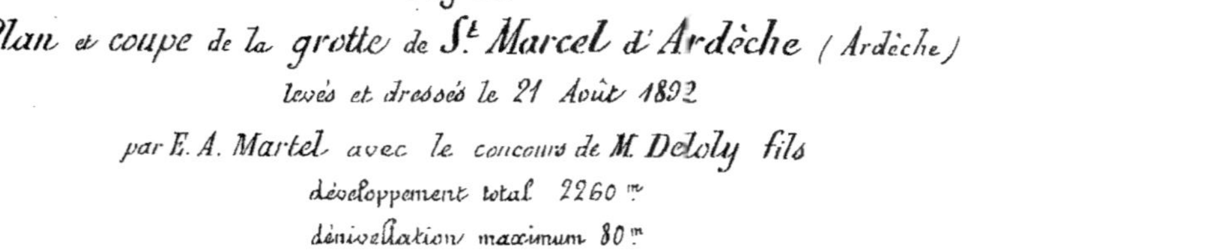

Fig. b.

Plan et coupe de la grotte de St. Marcel d'Ardèche (Ardèche)

levés et dressés le 21 Août 1892

par E. A. Martel avec le concours de M. Deloly fils

développement total 2260 m.

dénivellation maximum 80 m.

Plan

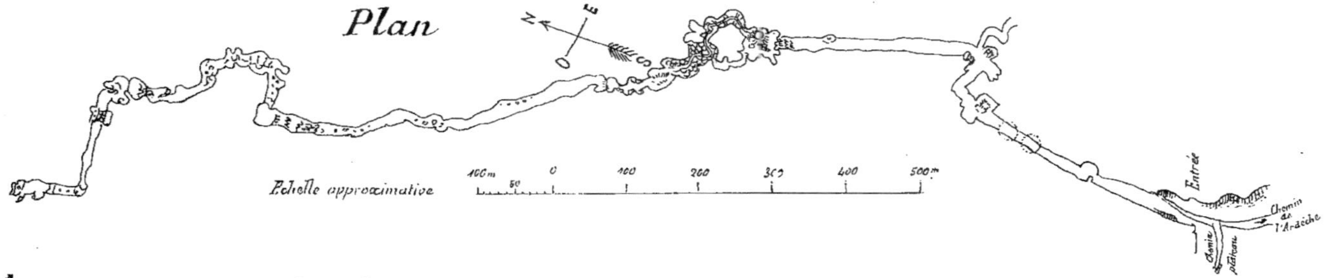

N E O

Entrée

Chemin de l'Ardèche

Chemin

plateau

Echelle approximative 100m 50 0 100 200 300 400 500m

Coupe longitudinale de la galerie principale (long. 2070)

Les petits chiffres donnent l'altitude

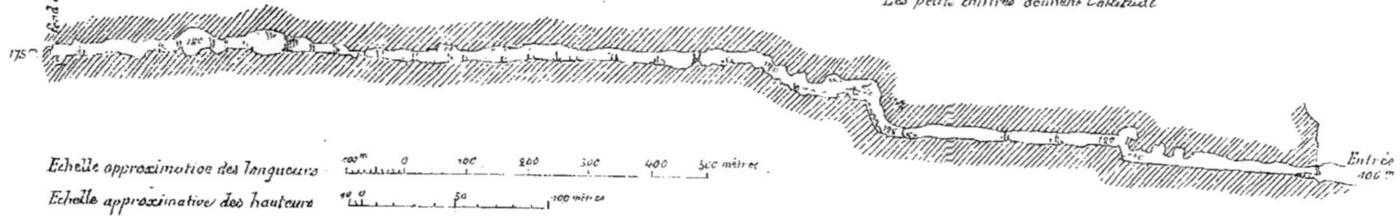

Fond de la grotte

175m

180

120

Entrée 106m

Echelle approximative des longueurs 100m 0 100 200 300 400 500 mètres

Echelle approximative des hauteurs 10 0 50 100 mètres

Lith. F. Martin, Avignon

Fig. a.

GROTTE DU SERGENT
source intermittente à sec
(le 5 Juillet 1889)
près St. Guilhem le Désert (Hérault)
Echelle de 1 à 3000
20 10 0 10 20 30 40 50 60 70 80 90 100m
PLAN
Longueur totale des galeries
1100 mètres
Fissure au fond du lac impénétrable
Lac du bain
Salle du Dais
N
O
E
S
A
B
C
D
F
G
H
J
K
M
N
A.. Orifice (bouche de la source) ..B Salle des 7 colonnes..
C La Grille.. D Galerie des Draperies ..E Grande
Salle.. F Lac des paresseux..G La Forêt..H Puits
des 2 Rivières..I Rivière basse..J Salle du Grand
pilier.. K Lac du Réservoir..L Rivière haute
M Plate forme..N Aven (?).. Nappes d'eau.. Stalagmites. Rochers séparant les galeries Hâchures et courbes de niveau
Coupe verticale de la Grande Branche
Longueur de l'orifice au réservoir .... 460 mètres
Profondeur .... 60 "
Fissure visible sous l'eau et conduisant sans doute plus bas.
Gour extérieur
A
E
F
G
H
I
J
K
L
M

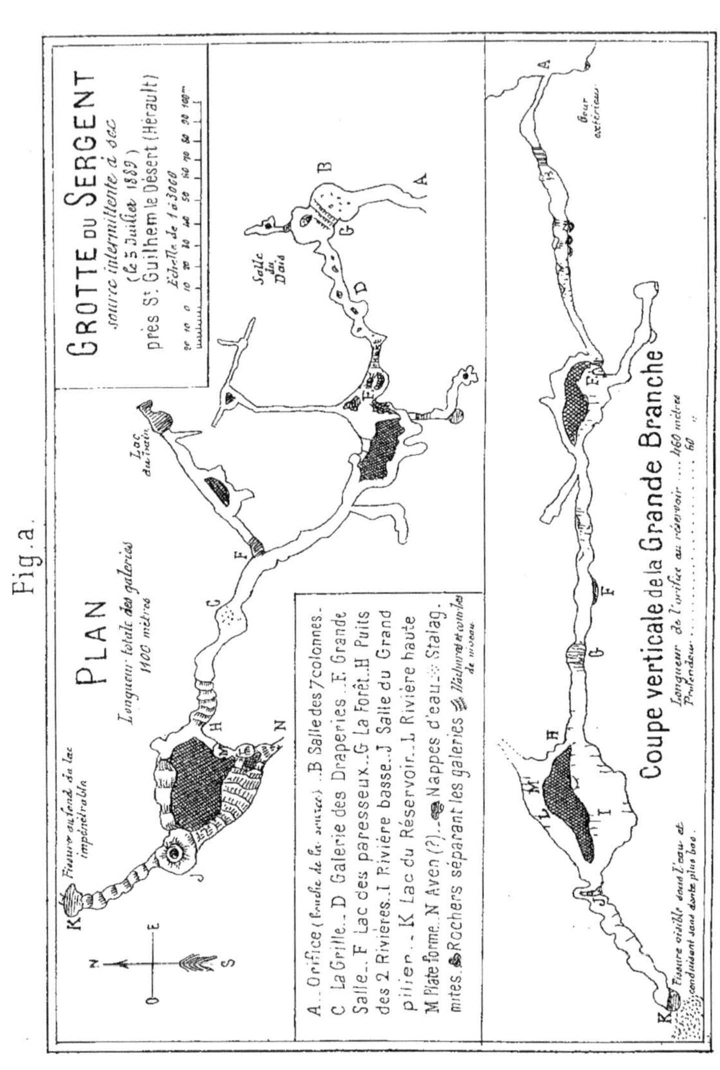

Fig. b.

Fig. I Plan de la galerie et de la rivière souterraines

Echelle

40 0 40 80 120 160 200 mèt.

N O S

a b c d

Flaque d'eau

Flaque d'eau

Embarcadère

Perte sous les éboulis et fissures

Cours présumé

Lac

Cascade 0m75

Sens du courant

Gué

Embarcadère

Lac

Tunnel

Lac

Siphon

f g h

Fig. II Coupe en longueur (1100 m. de développement)

Orifice

Bois

Surface du Causse

Route

Causse

Bois

A

B

Palus

Lac

Cours présumé

raccord (voir ci-dessous)

Fig. III.

Lac

Tunnel

Siphon?

Echelle 0 10 20 30 40 50 mèt.

Fig. VII

mètres

Fig. IV.

Coupe c.d

mètres

Fig. V.

Coupe a.b.

mètres

Fig. V.

Coupe e.f

mètres

Causse

raccord (voir ci-dessus)

A

B

e f g h

Lac

Siphon?

Fig. II. (Suite)

Echelle en longueur comme celle du plan échelle double pour les hauteurs

PLAN ET COUPES DU TINDOUL DE LA VAYSSIÈRE (Aveyron)

Rivière souterraine explorée et levée en 1890 et 1891 par

M. M.rs G. QUINTIN, G. GAUPILLAT, R. PONS ET A. MARTEL

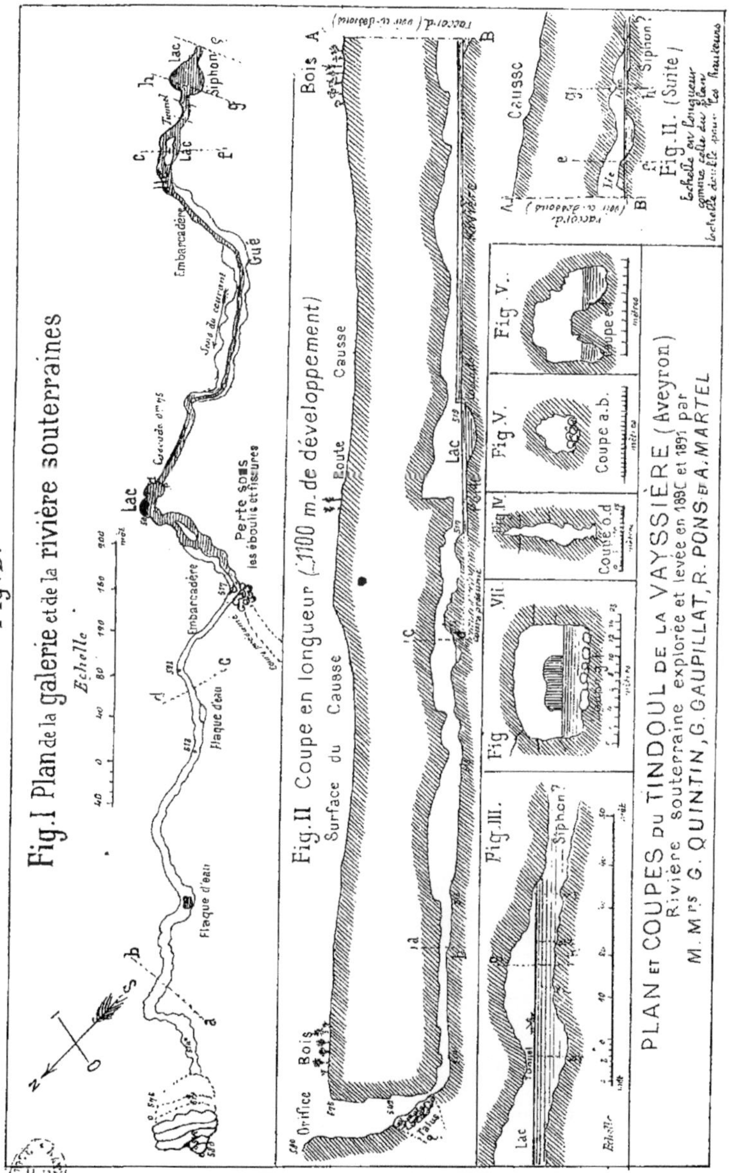

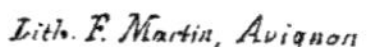

Lith. F. Martin, Avignon

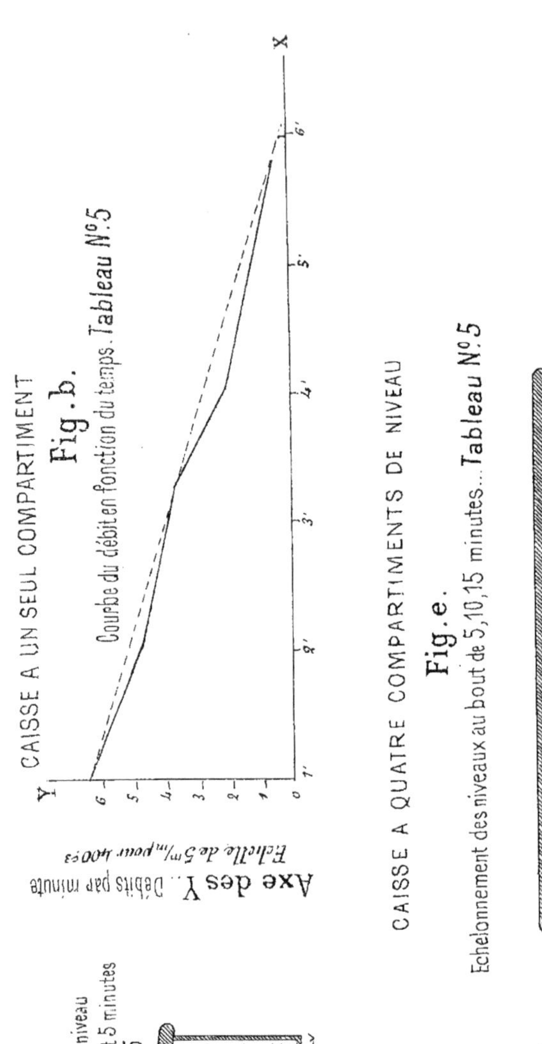

CAISSE A UN SEUL COMPARTIMENT

Fig. b.

Courbe du débit en fonction du temps. Tableau N°5

CAISSE A QUATRE COMPARTIMENTS DE NIVEAU

Fig. e.

Echelonnement des niveaux au bout de 5,10,15 minutes... Tableau N°5

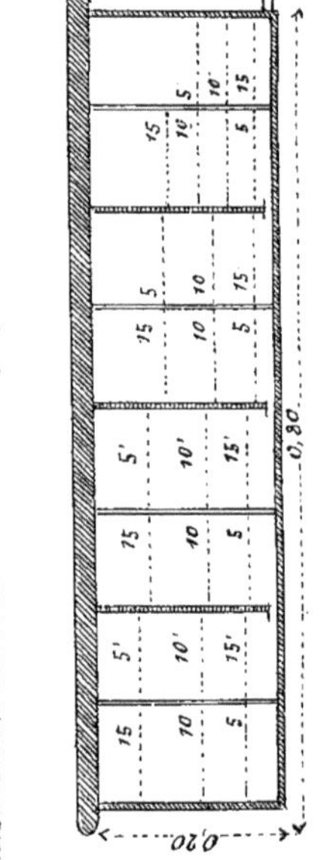

Fig. a.

Abaissement du niveau au bout de 1,2,3,4 et 5 minutes

Tableau N°5

CLUSE

Planche IX.

Fig. d.

Courbe du débit en fonction du temps.. Tableau N° 5

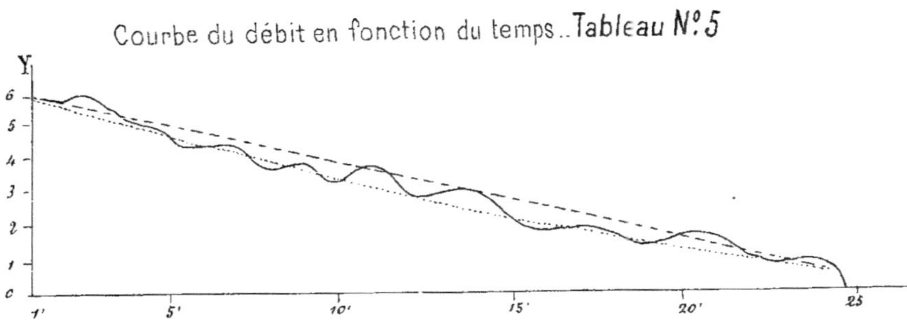

Fig. e.

Courbe du débit en fonction des hauteurs dans le premier compartiment aval

Tableau N° 5

Axe des Y.. Niveaux en centimètres

Échelle de 2 m/m pour 0m 01c

Y 20 15 10 5 0

X 1 2 3 4 5 6

Axe des X.. Débits par minute.. Échelle de 20 m/m pour 400 c3

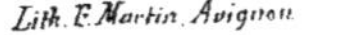

Ministère de l'Agriculture

Hydraulique agricole

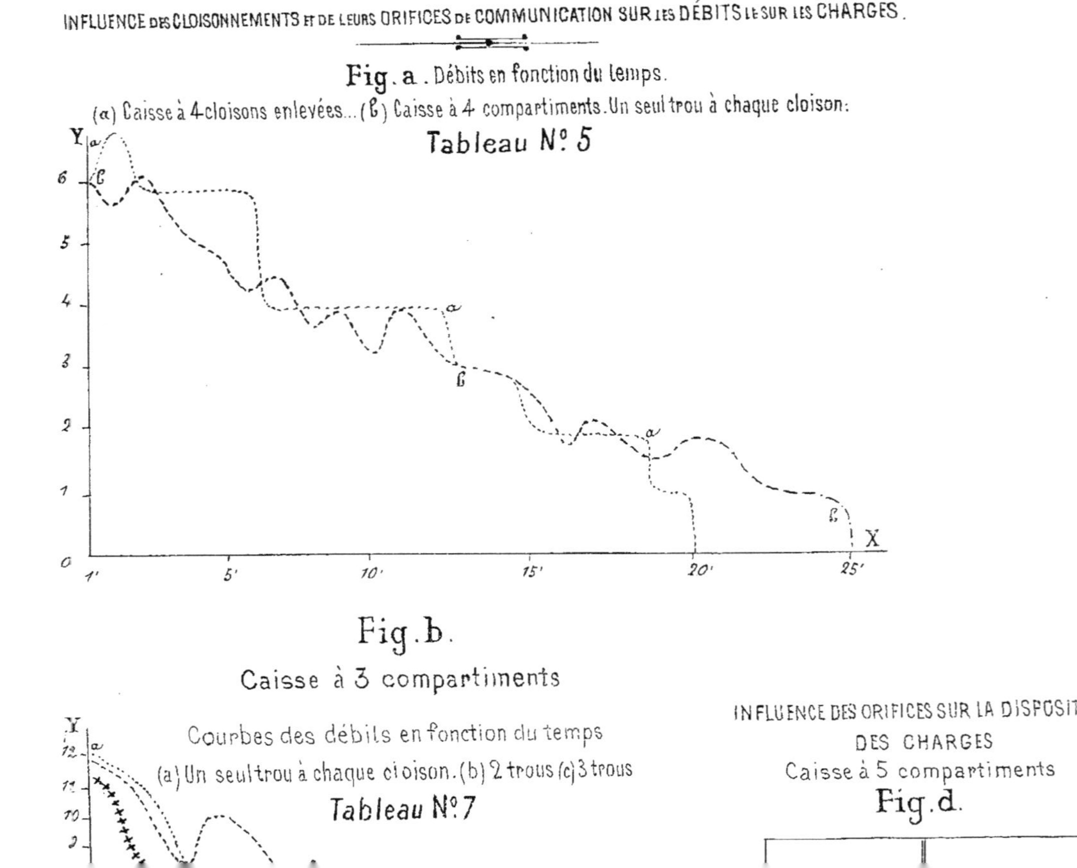

Planche X.

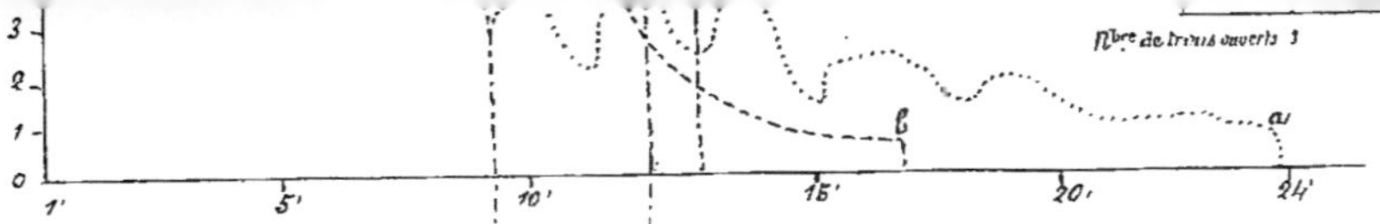

Fig. c.

Caisse à 3 compartiments

Courbes des débits en fonction du temps pour chaque orifice de communication

Un seul trou à chaque cloison... (a) 1er orifice aval (b) 2me orifice aval (c) 3me orifice aval.

Tableau N°7

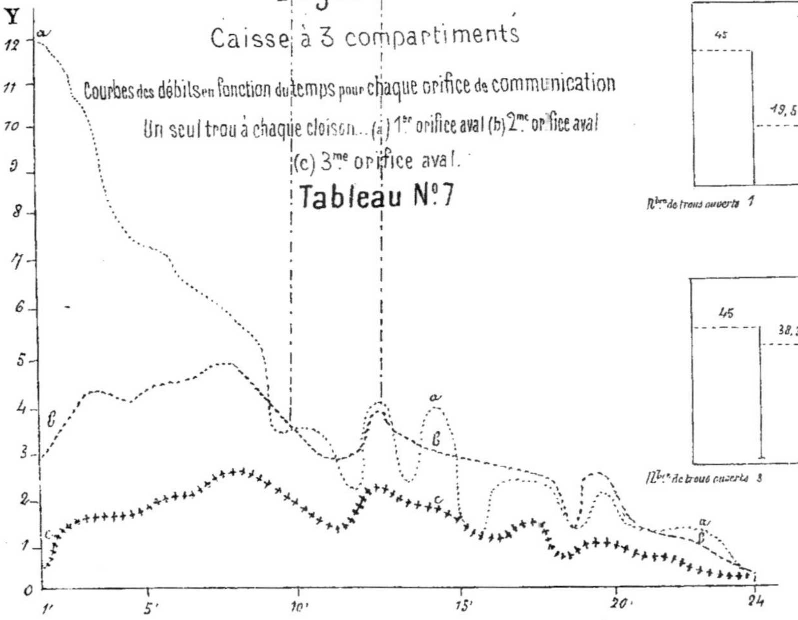

Axe des Y.. Débits par minute

Echelle de 7,5 m/m pour 400 c3

Fig. e.

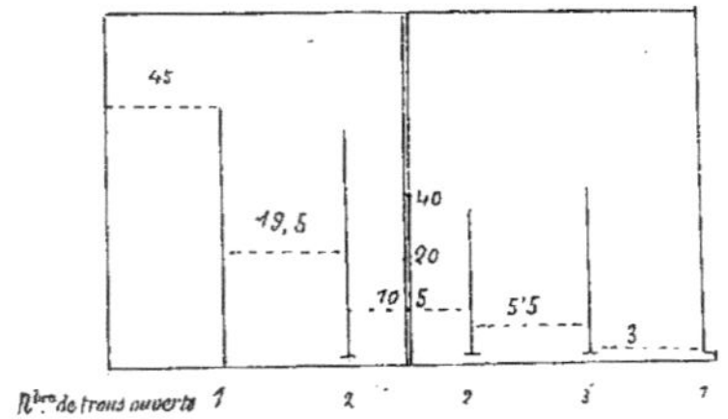

Nbre de trous ouverts 1 2 2 3 1

Fig. f.

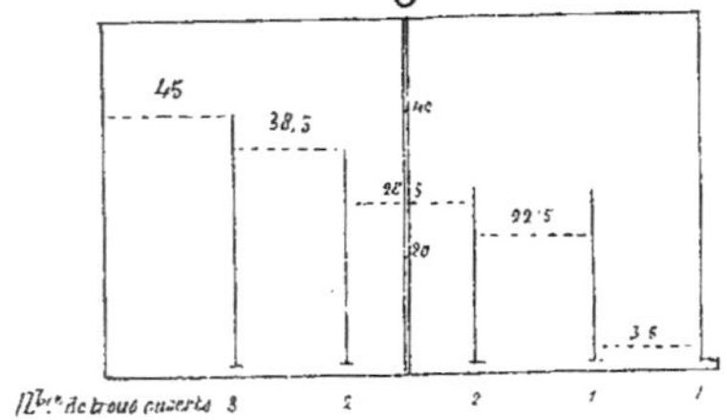

Nbre de trous ouverts 3 2 2 1 1

Lith. F. Martin, Avignon

Ministère de l'Agriculture

FONTAIN

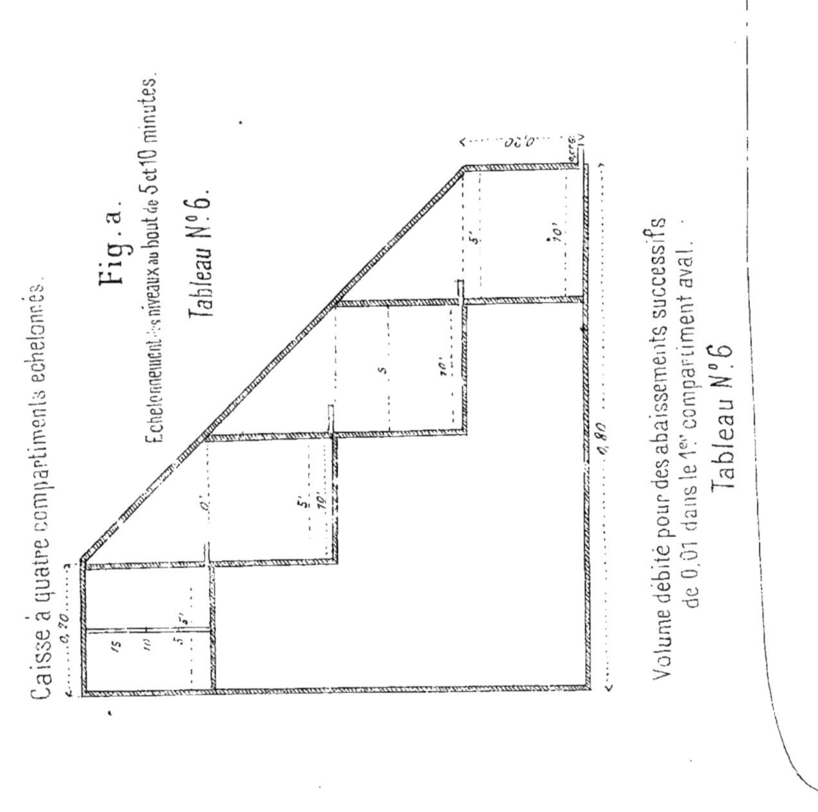

Hydraulique agricole

USE

Planche XI.

Courbe du débit en fonction du temps.

Tableau N°. 6.

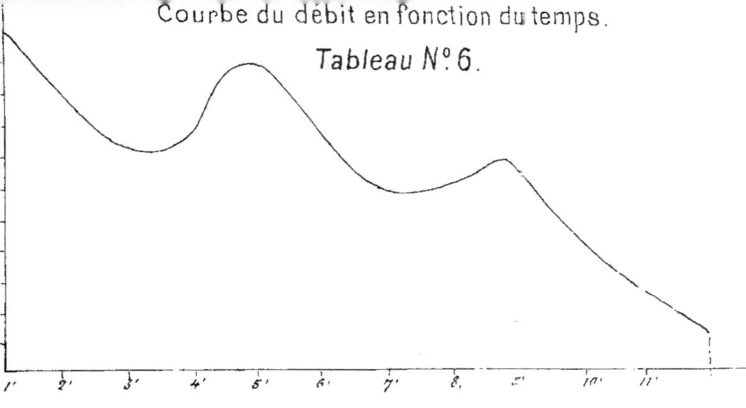

Fig. d.

Courbe du débit en fonction des hauteurs dans le 1er compartiment aval.

Tableau N°. 6.

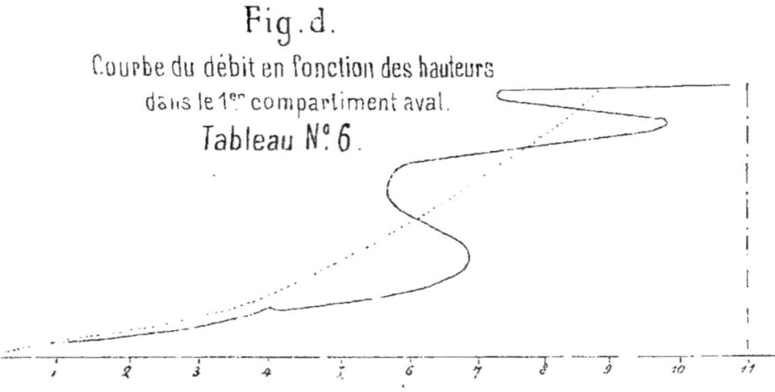

Lith. F. Martin, Avignon.

FON

Volumes débités pour des abaissements successifs
de 0,01 dans le 1er compartiment aval.
Axe des X. Volumes débités pour des abaissements de 0,01c. Echelle variable pour 400 c3
Axe des Y. Niveaux en centimètres .. Echelle de 2m/m pour 0,01c
Fig. a
Coupe en long de la caisse à 4 compartiments.
0,20
0,20
0,80
0,006
Fig. b.
Caisse à un seul compartiment
Tableau N° 5
Volume de 400 c3
Y
20
15
10
5
0
0
1
X
Fig. c.
Caisse à 2 compartiments.
Tableau N° 5
Y
20
15
10
5
X

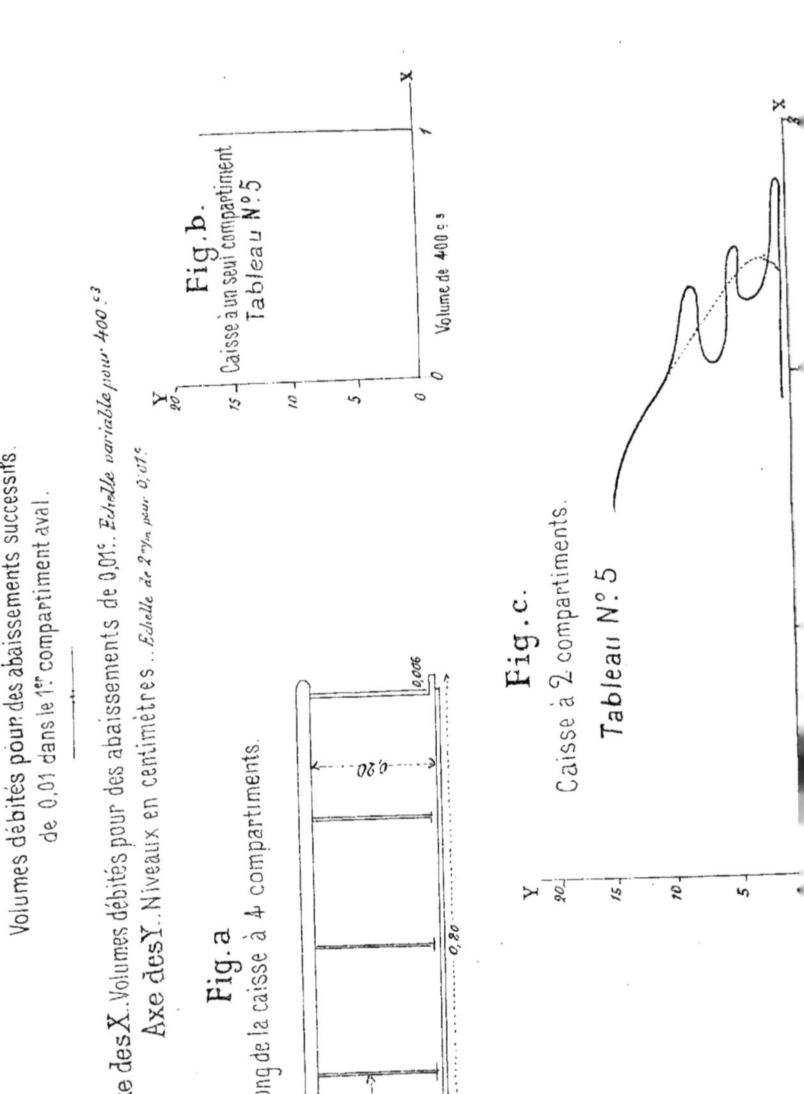

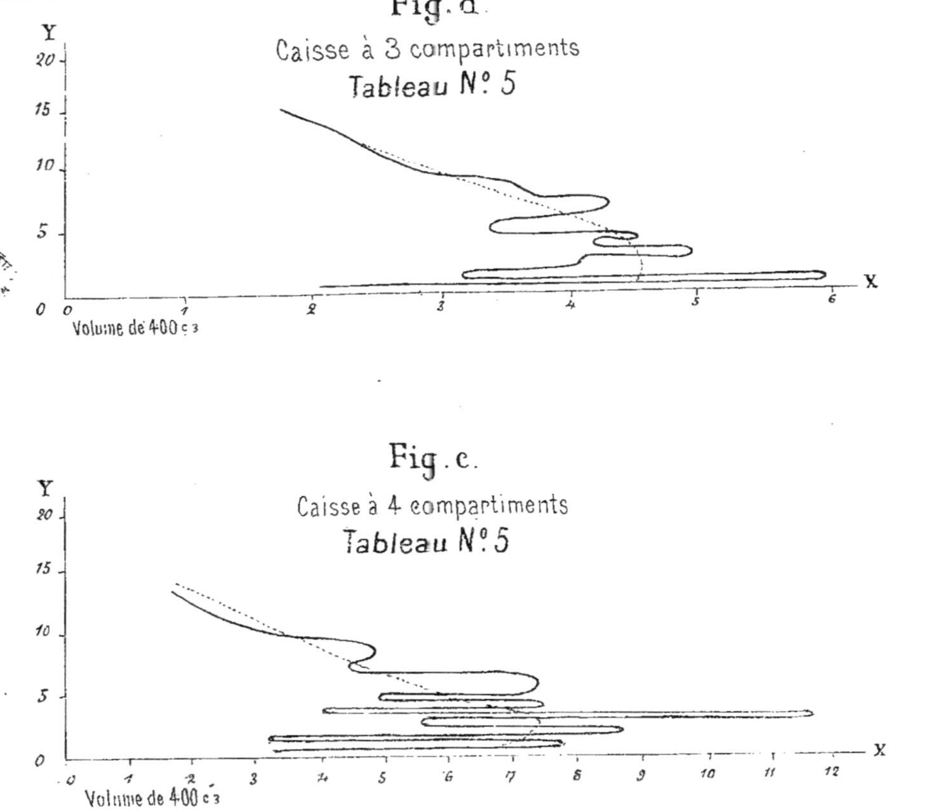

Lith. F. Martin, Avignon

FONTA

RÉALISATION DE LA COURSE DES DÉBITS DE LA FONTAINE
Fig.a.
AVEN
AVEN
AVEN
Réservoir
0,15
0,055
0,60
0,20
0,45
0,40
0,35
0,35
0,25
0,012
1,00
0,35
b. Rebroussement dû à la cessation du déversoir
a. Rebroussement dû à l'influence de l'orifice
Fig.b.
Courbe du débit en fonction du temps
Tableau N° 8
Y
30
25
20
15
10
5
e des Y..Débits par minute
chelle de 1m/m pour 400 gr

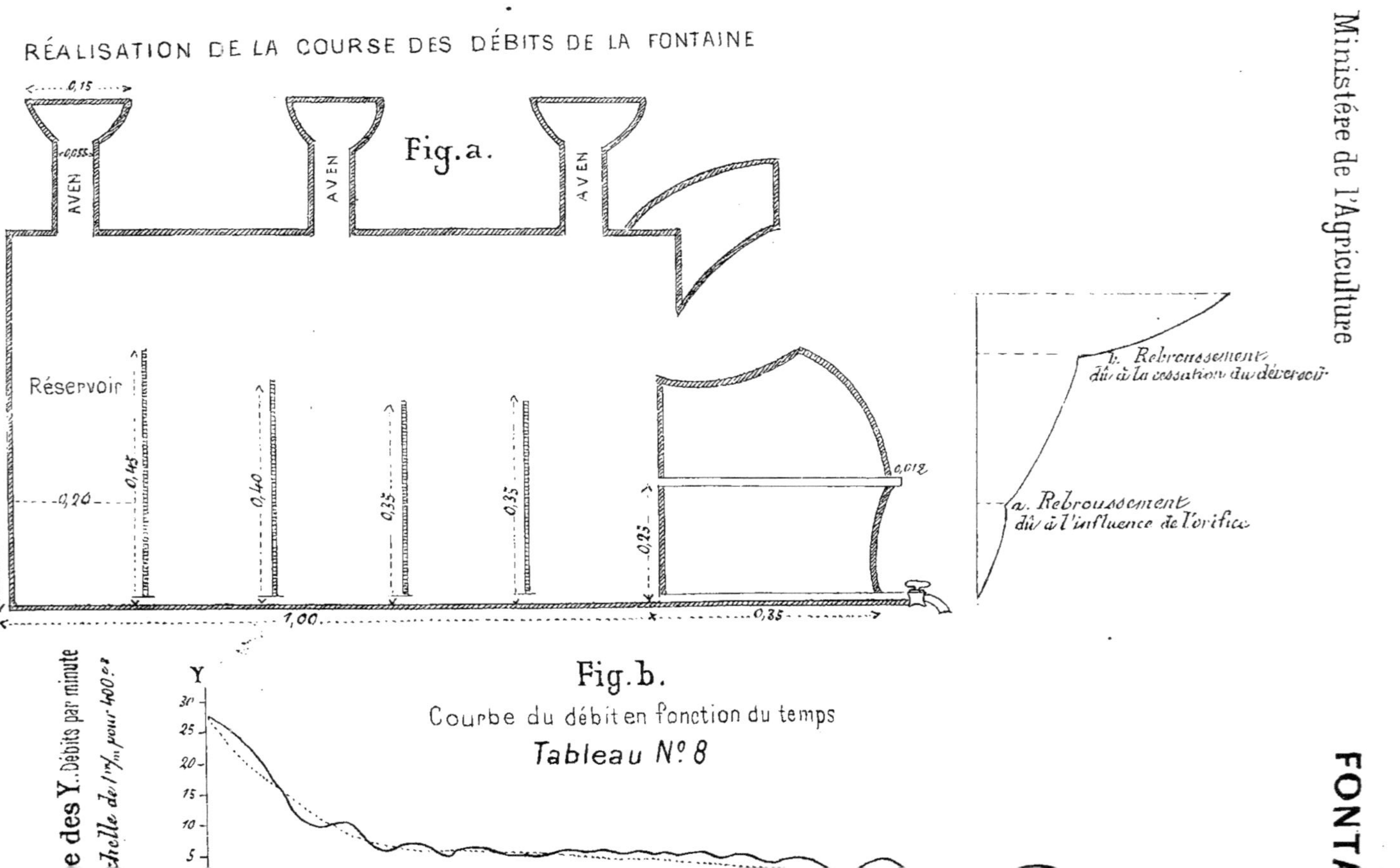

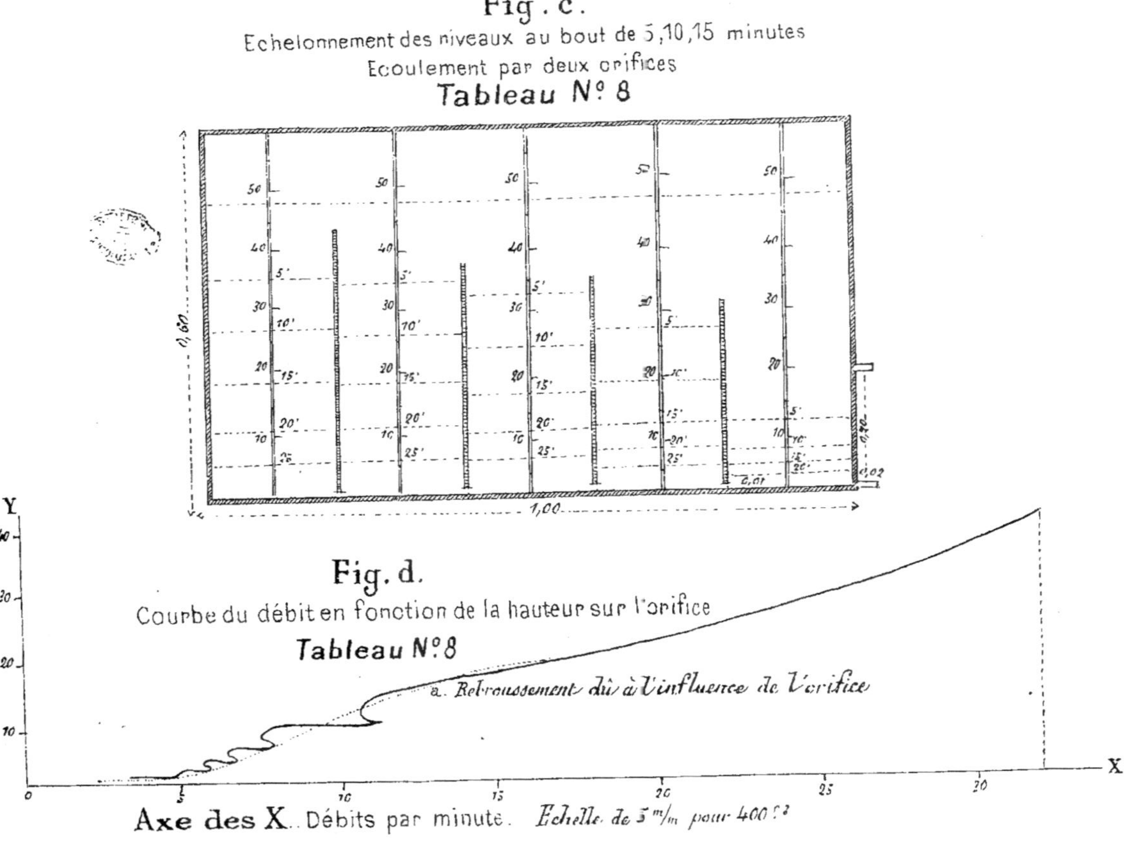

Lith. F. Martin, Avignon

CAISSE À 5 COMPARTIMENTS DE NIVEAU

Débit supplémentaire obtenu par l'abaissement de l'orifice d'écoulement

(a) le robinet bas fermé..(b) le robinet du bas ouvert à la 22e minute

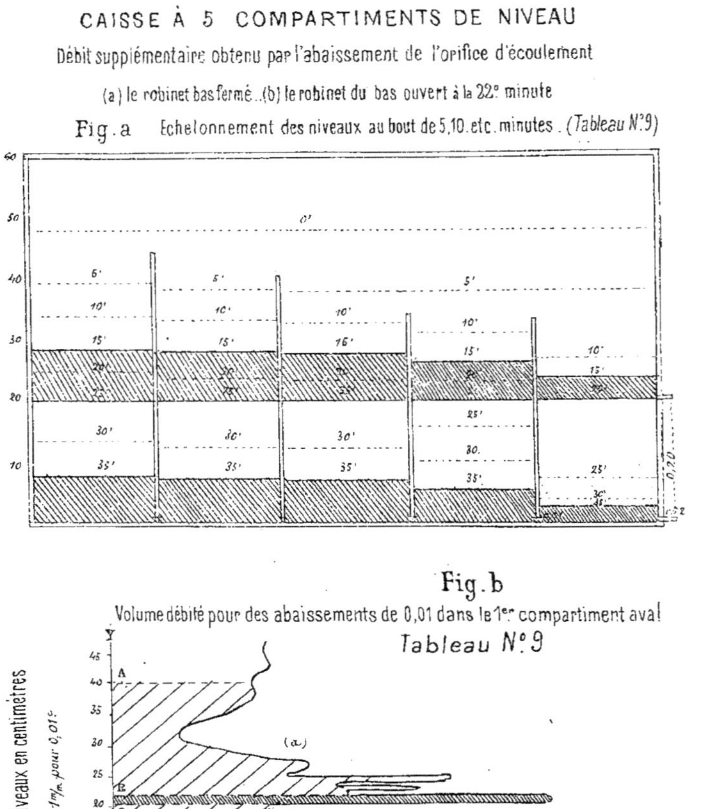

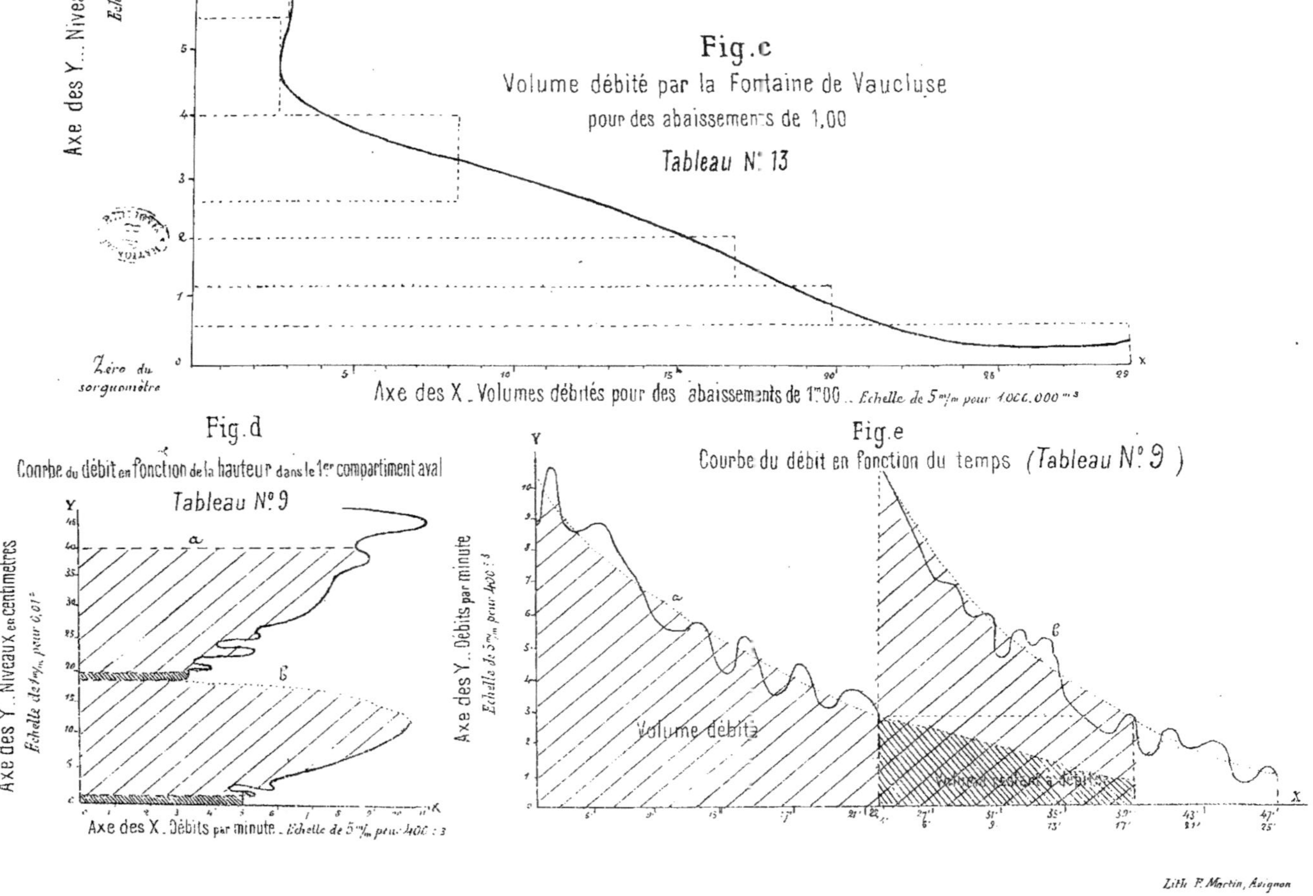

CLUSE

Planche XIV

Lith. P. Martin, Avignon

Projet de Fontaine de Vaucluse à établir sur le rocher des Doms à Avignon

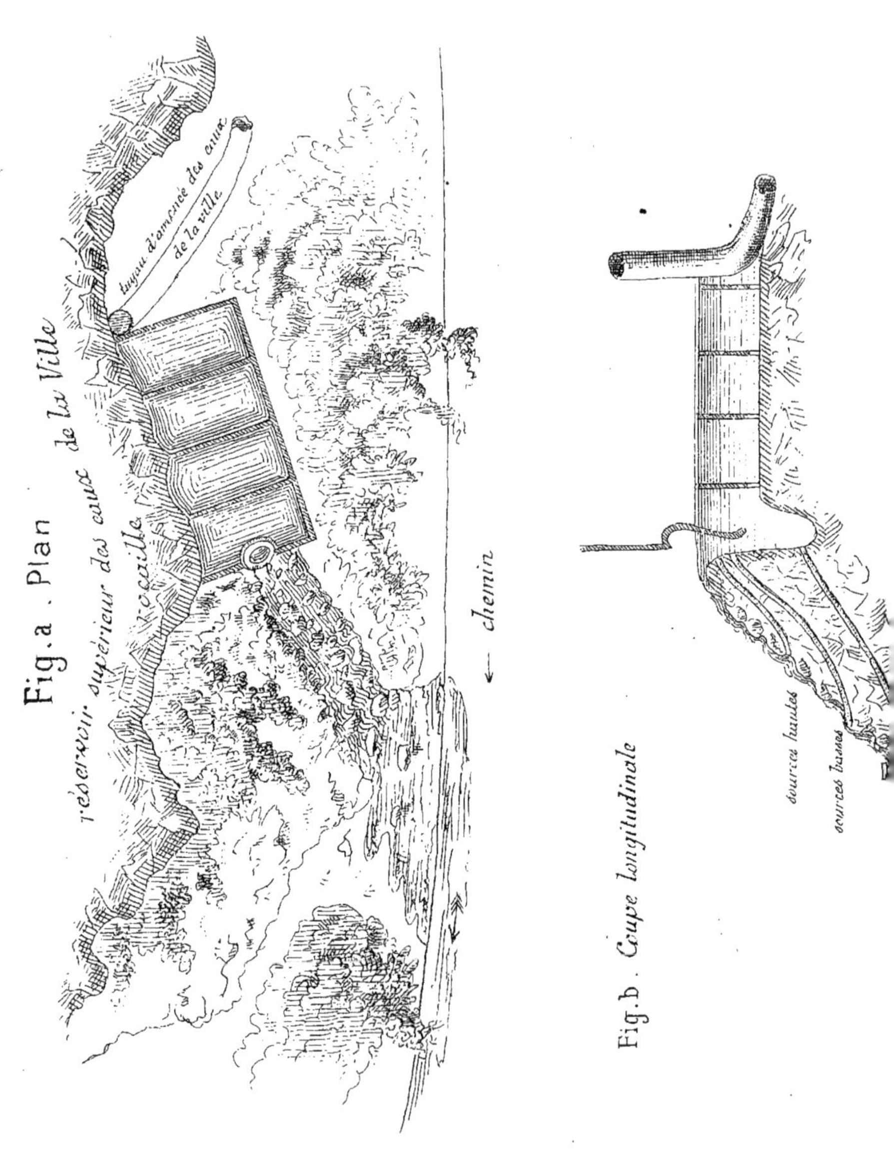

Fig. e. *Coupe transversale*

Fig. d. *Vue de face*

Lith. F. Martin, Avignon

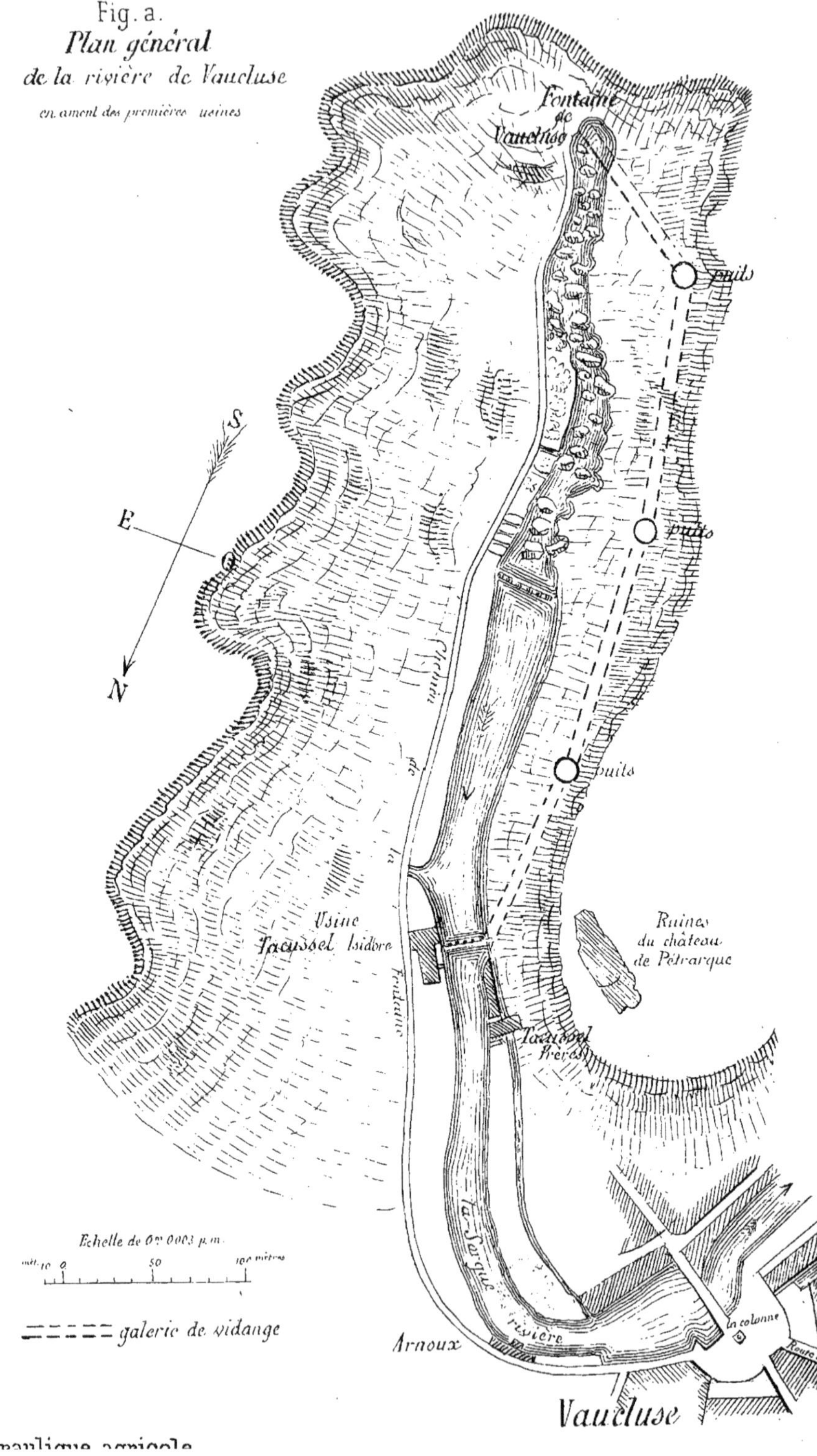
Fig. a.
Plan général
de la rivière de Vaucluse
en amont des premières usines
Fontaine de Vaucluse
puits
puits
puits
S
E
O
N
Chemin de la Fontaine
Usine
Tacussel Isidore
Ruines
du château
de Pétrarque
Tacussel
Frères
la Sorgue
rivière
Arnoux
la colonne
Route
Vaucluse
Echelle de 0m 0003 p.m.
mèt. 10 0 50 100 mètres
galerie de vidange

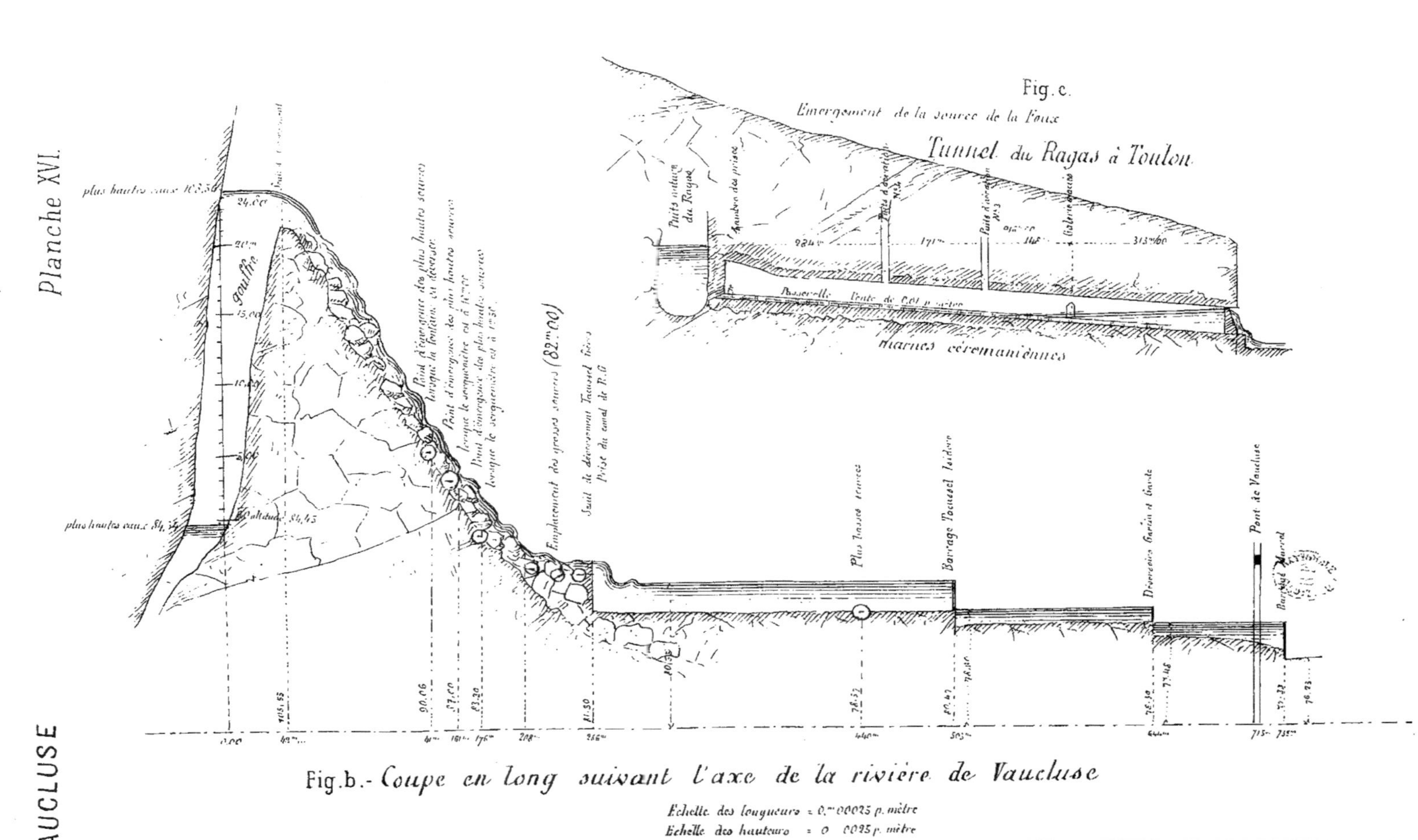

Fig. b.- Coupe en long suivant l'axe de la rivière de Vaucluse

Echelle des longueurs = 0.m00025 p. mètre
Echelle des hauteurs = 0 0025 p. mètre

Lith. F. Martin, Avignon

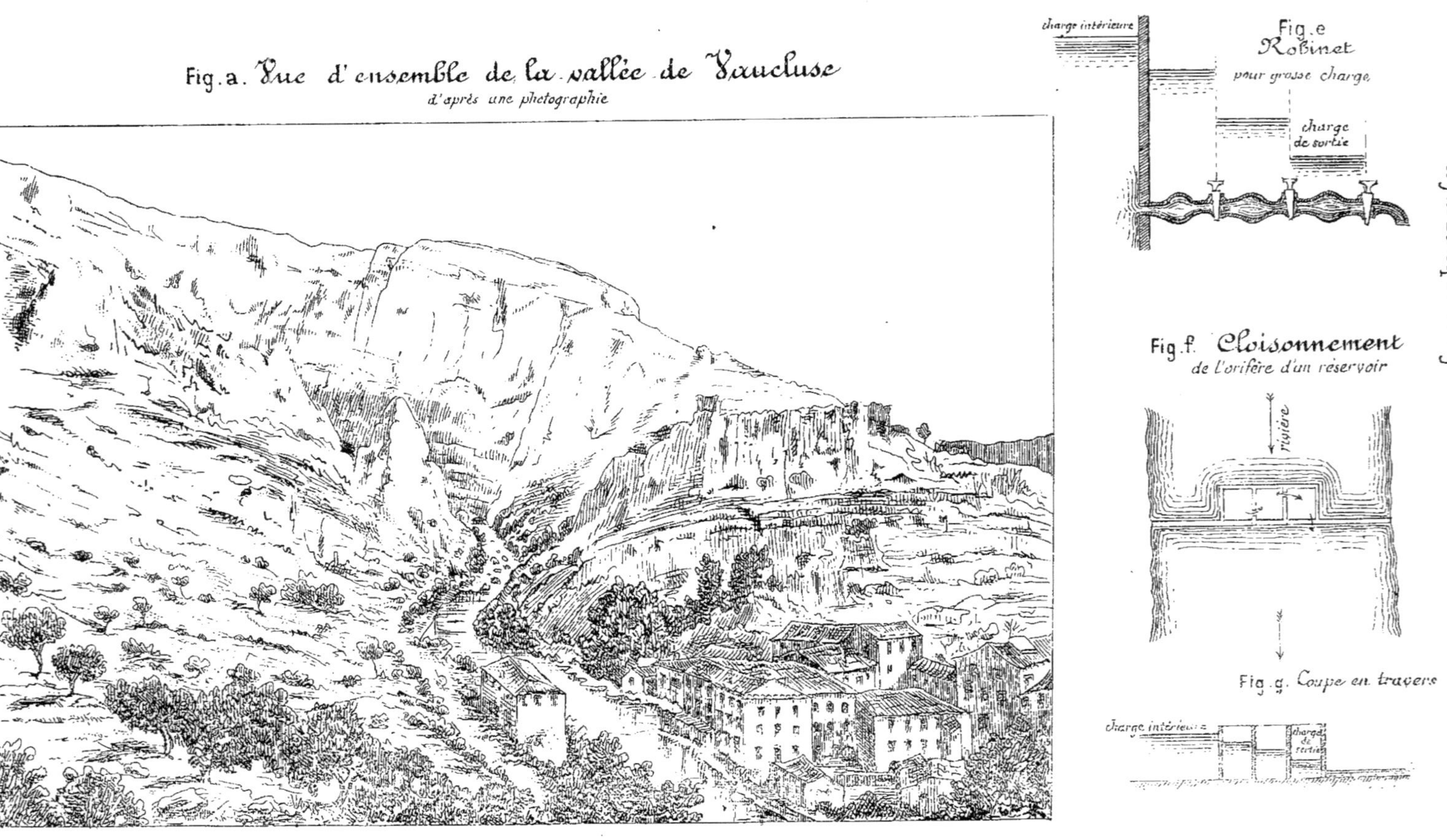

Fig. a. Vue d'ensemble de la vallée de Vaucluse
d'après une photographie

Fig. e Robinet
pour grosse charge

Fig. f. Cloisonnement
de l'orifère d'un réservoir

Fig. g. Coupe en travers

Planche XVII

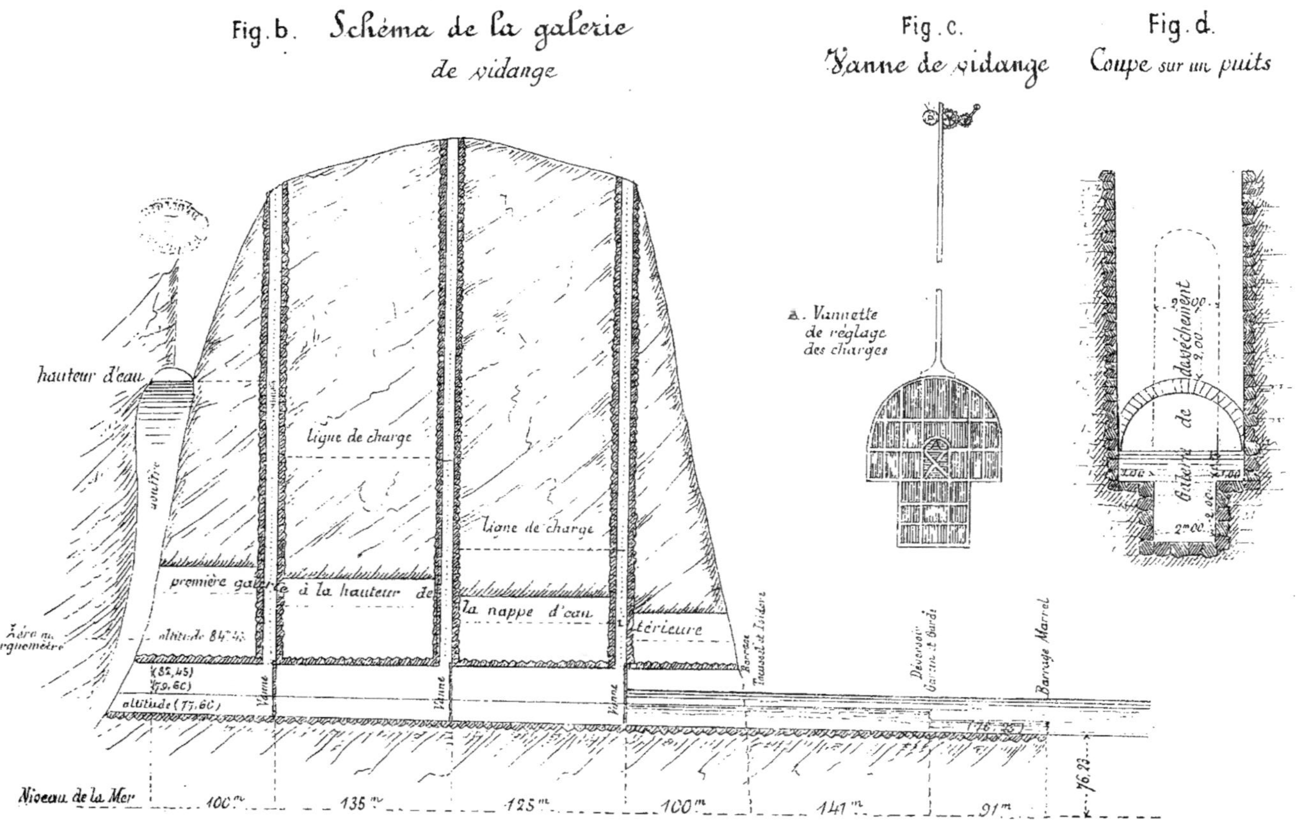

Fig. b. Schéma de la galerie de vidange

Fig. c. Vanne de vidange

Fig. d. Coupe sur un puits

Echelle des longueurs = 0,00025 par mètre

Echelle des hauteurs = 0,0025 par mètre

Lith. F. Martin, Avignon

BIBLIOTHEQUE NATIONALE DE FRANCE
3 7502 04010565 4

www.ingramcontent.com/pod-product-compliance
Ingram Content Group UK Ltd.
Pitfield, Milton Keynes, MK11 3LW, UK
UKHW020249250726
13967UKWH00004B/1583